普通高等教育"十二五"规划教材

无机及分析化学实验学习指导

王金刚　主编

科学出版社

北　京

内 容 简 介

本书是"十二五"普通高等教育本科国家级规划教材《无机及分析化学实验》(科学出版社,2008)的配套参考书,主要针对学生在中学阶段缺乏实验基础、难以快速适应大学化学实验教学的现实,面向学习无机化学实验以及无机及分析化学实验的学生而编的辅助教材。本书以《无机及分析化学实验》教材为基础,精选学生在基础化学学习阶段常开设的部分实验,通过预习、实验目的解析、操作要点、常见错误分析、问题讨论等内容,使学生在实验操作前全面了解本实验要解决的问题、实验要完成的训练以及可能出现的错误,使学生快速进入角色,少走弯路,尽快完成中学化学学习思维向大学的转变。

本书可作为高等学校化学、化学工程与工艺、材料科学与工程、环境科学与工程、生物科学与工程、制药工程等专业的辅助教材,也可供相关专业的研究人员参考。

图书在版编目(CIP)数据

无机及分析化学实验学习指导/王金刚主编. —北京:科学出版社,2016.1
普通高等教育"十二五"规划教材

ISBN 978-7-03-046631-0

Ⅰ.①无… Ⅱ.①王… Ⅲ.①无机化学-化学实验-高等学校-教学参考资料②分析化学-化学实验-高等学校-教学参考资料 Ⅳ.①O61-33②O652.1

中国版本图书馆 CIP 数据核字(2015)第 298597 号

责任编辑:郭慧玲 丁 里 / 责任校对:韩 杨
责任印制:徐晓晨 / 封面设计:迷底书装

科 学 出 版 社 出版
北京东黄城根北街 16 号
邮政编码:100717
http://www.sciencep.com

北京中石油彩色印刷有限责任公司 印刷
科学出版社发行 各地新华书店经销
*
2016 年 1 月第 一 版 开本:720×1000 1/16
2019 年 6 月第六次印刷 印张:12 1/2
字数:259 000
定价:35.00 元
(如有印装质量问题,我社负责调换)

《无机及分析化学实验学习指导》
编写委员会

主　编　　王金刚
副主编　　苗金玲　　范迎菊　　朱沛华
编　委　　（按姓名汉语拼音排序）
　　　　　范大伟　　范迎菊　　刘广宁　　苗金玲
　　　　　聂　永　　盛永丽　　王金刚　　徐　波
　　　　　杨红晓　　赵淑英　　朱沛华

前　　言

本书是"十二五"普通高等教育本科国家级规划教材《无机及分析化学实验》(魏琴、盛永丽主编,科学出版社)的配套参考书。本书结合编者及其他教师多年的教学经验编写,其目的在于帮助学生尤其是缺乏实验训练基础的大学一年级学生更好地理解和把握实验的要求和目的,分析各实验的特点和易出现的问题,帮助学生顺利地完成实验。在本书编写过程中着重把握以下几点:

(1) 分析各实验要解决的主要问题。许多学生在做实验时往往没有认真思考做每个实验的目的是什么、通过每个实验可以解决什么问题和得到什么训练,只是机械地根据教材内容进行实验,对一些细节关注不够,出现问题不知道如何解决,致使实验课程起不到其应有的作用。本书在实验的预习提要部分对实验欲进行的训练和欲达到的目标作出解析,并在预习题目上加以体现,使学生在预习和实验过程中能准确把握实验的主体思路。

(2) 列出实验中易出现的问题以及解决的方法。无机化学实验和无机及分析化学实验是学生进入大学后所接触的第一门化学实验课程,从中学时期的以教师演示和学生背诵为主的实验学习模式转变为自主学习模式,学生在认识和基础操作等方面都有很大的不足,出现大量问题在所难免。本书对学生实验中易出现的问题进行了总结,对出现问题的原因进行了分析,可以帮助学生少走弯路,尽快提高他们的实验技能。

(3) 通过设置预习习题的方式引导学生预习。预习题目内容以实验的重点或学生易忽视以及易犯错的问题为主,其答案在实验教材以及本书中都可以找到,使学生预习时更有针对性。课后的练习题则针对实验易出现的错误或实验数据的处理方法来设置,便于学生顺利完成实验和实验报告。

本书主编为王金刚,副主编为苗金玲、范迎菊、朱沛华。参加本书编写及相关工作的人员还有:盛永丽、聂永、刘广宁、杨红晓、徐波、赵淑英和范大伟。苗金玲、范迎菊、朱沛华、聂永等老师对本书进行了认真校对。全书由王金刚统稿定稿。

魏琴教授、李慧芝教授对本书的编写提出了宝贵意见,在此表示衷心感谢。

由于编者水平有限,书中难免有疏漏和不妥之处,敬请读者批评指正。

编　者

2015 年 9 月

目　　录

第一章 基础实验

实验 1 仪器认领与简单操作训练

一、预习提要

作为大学化学学习阶段面临的第一个实验,开始实验前,应先完成以下工作:

(1) 熟悉实验室安全细则,了解一般实验室事故的处理方式。

(2) 熟悉常见玻璃仪器的洗刷方法和要求。

上述两个问题在《无机及分析化学实验》教材(以下简称实验教材)相关章节有详细叙述,请同学们认真阅读,了解实验室安全规则,熟悉常见仪器的名称和使用要求,避免事故的发生。

进行本实验之前,请认真预习实验教材,完成以下问题:

(1) 实验用水有什么要求? 一般用什么容器盛装实验用水?

(2) 不具有腐蚀性的固体可用称量纸称量,如果没有专门的称量纸,可用什么代替? 能否使用滤纸?

(3) 用酒精灯加热试管中液体时,不正确的加热方式会造成液体喷溅伤人,实验时应注意哪些问题?

(4) 加热试管中固体时,应采取什么措施以避免试管炸裂?

(5) 本实验中有两个实验项目需用干燥的试管,应事先用气流烘干器烘干试管备用,请说明是哪两个实验项目。

(6) 固体粉末装入试管时,应直接送入试管底部,不允许试管口有固体残留,实际操作中应如何将粉末状固体装入试管?

(7) 用润湿的 pH 试纸检测 NaCl 与浓硫酸反应的溢出气体时,能否测出气体的 pH? 为什么?

(8) 将离心试管放入离心机进行离心分离时应遵循什么原则?

(9) 离心分离后用吸管吸取上部清液时,为防止把沉积的固体吹起,应注意什么?

二、实验指导

本实验内容简单,主要目的是通过一些简单的实验,练习常见仪器的使用方法,学习规范的操作,养成一丝不苟的实验习惯,为今后的学习和工作打下良好的基础。

图 1-1 和图 1-2 是实验常用的几种仪器。图 1-1 所示的直形试管为普通硬质试管,用于完成一般的性质实验和少量固体或液体的加热,普通硬质试管可用酒精灯直接加热。图 1-1 所示的尖底试管为玻璃离心试管,用于离心法的固液分离;离心试管需要加热时一般采用水浴,可用盛有水的烧杯作为热水浴,采用电炉加热。每次实验结束,需要将试管等玻璃仪器洗刷(专用管刷)干净,再归类放置。图 1-2 所示洗瓶为塑料材质,一般用来盛装蒸馏水,盛装其他试剂必须加以标注。一次实验结束后,洗瓶中剩余的蒸馏水不必倒掉,下次实验可继续使用。

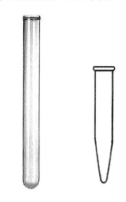

图 1-1　普通硬质试管和离心试管　　　　　　图 1-2　洗瓶

1. 试管中容量的观察与液体滴加练习

本实验的目的是观察少量液体在试管中的位置,以后进行一些检验性的实验时,可以通过直接滴加溶液的方式完成试剂的取用。

2. 指示剂显色

本实验的目的主要是练习液体试剂的取用和试管的使用方法。

待取用溶液置于细磨口试剂瓶中,胶头滴管既起到滴管的作用,也起到瓶塞的作用。从试剂瓶中取溶液时,应先提起滴管,挤压胶头挤出空气后再探入瓶中吸取溶液;滴加完毕,应将滴管中多余试剂挤出至试剂瓶,再盖回试剂瓶,胶头滴管切勿乱放,以防污染。

用滴管向试管中滴加溶液时,最重要的是防止滴管碰触试管壁,以免造成试剂污染,因此滴管应悬于试管口上方,切勿探入试管中。此外,为保持每滴液体体积的一致性,滴管在试管口上方应呈悬垂方式,避免加入角度的多变。

手持试管的位置为距试管口上端三分之一处,加热时试管中加入的液体不应超过试管体积的三分之一。

提醒: 实验室的结构通常为两组实验台的中间为试剂架,试剂为两边学生实验时共用,因此同学们取完试剂后须将试剂瓶及时归位,以免影响其他人使用。

3. "蓝瓶子"实验

本实验主要练习固体试剂称量,由于所称量固体为非基准试剂,称量精度要求不高,采用普通电子天平或托盘天平即可。

葡萄糖为非腐蚀性固体,可用专用称量纸置于天平上直接称量。如果没有专用称量纸,可用表面光滑的白纸代替,但不能使用滤纸,一是避免浪费,二是防止颗粒较细的粉末在滤纸表面留存。

NaOH 为腐蚀性固体,不能使用称量纸,应选择洁净的小烧杯或表面皿作为盛接容器。

电子天平上放置称量纸或小烧杯后,按"去皮"(或"T")键可使天平读数回零,可直接读取所称固体质量。

提醒: 除特殊情况外,实验用水一律使用蒸馏水(去离子水),蒸馏水一律使用洗瓶盛装,不要随便使用容器,以免造成混乱。

4. 蓝白互变实验

本实验主要练习固体试样的取用以及试管中固体试样的加热方式。

硬质试管加热使用酒精灯,请使用前认真阅读实验教材中酒精灯的使用规则,严格操作规范,避免发生事故。

如图 1-3 所示,较粗的试管可以使用药匙直接加入固体试样,较细的试管可以用一细长纸条送入。取用固体试样时,先平放试管,将药匙或纸条伸入至接近试管底部时,竖直试管,使固体试样滑入试管底部,管口不应有固体试样残留。

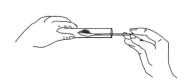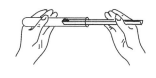

图 1-3　试管中固体试样的加入方法

在试管中加入块状固体(如块状石灰石)时,可先将试管平放,再用镊子夹取固体放入试管,竖起试管后,固体滑入试管底部;若直接在竖直的试管中放入固体,试管底部可能会被击破。

如图 1-4 所示,本实验加热固体时试管口应略向下倾斜,防止生成的水倒流回试管使试管炸裂。为使固体均匀受热,加热前先手拍试管,使固体均匀平铺于试管底部($CuSO_4 \cdot 5H_2O$ 固体在试管中的状态如图 1-4 所示)。加热时使用酒精灯外焰。对于固体

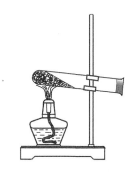

图 1-4　试管中固体加热

的加热,在试管均匀受热后可集中受热。若实验室未提供铁架台,可用试管夹固定试管,采用手持的方式完成实验。

注意: 所用试管内外壁都应干燥,否则试管易炸裂,可预先用气流烘干器(图1-5)烘干试管备用。

图 1-5　气流烘干器

提醒: 本实验在得到无水硫酸铜后,需冷却后滴加少量水以感受水合反应后的温度变化。在此期间,可以先进行其他实验;加水时,滴加 3～5 滴即可,过多则无法感受温度变化。

使用酒精灯切记注意安全:①酒精灯使用时不要太靠近实验台边缘,防止不小心打落引发危险;②加注酒精时务必完全熄灭火焰,同时使用漏斗加注,防止外洒;③用火柴点燃酒精灯,不要用燃烧的酒精灯点燃另一个酒精灯;④熄灭酒精灯时使用灯帽盖灭,熄灭火焰后将灯帽拿起,再次盖上(两次灭火),一次熄火易导致再次打开困难。

常见错误: ①试管口不注意向下倾斜,冷凝水回流导致试管炸裂;②加热前未手拍试管使硫酸铜固体平铺,导致部分固体不能变白。

5. 五色实验

本实验除练习滴管和试管的使用外,重点强调"滴"的概念,要求乙二胺逐滴加入,每加入一滴即用力振荡,观察乙二胺加入量与产物的关系(通过颜色观察)。

6. 固体 NaCl 与浓 H_2SO_4 反应

本实验反应生成 HCl 气体,因此试剂用量在保证效果的前提下应尽可能少,减少污染。有的药匙的末端呈铲状,一铲的样品量即可认为是"豆粒"大小。反应后试管中的残余物在冷却后通常较难清洗,可加水后加热溶解除去。

本实验的操作重点是气体酸碱性的检验,应将用水润湿后的 pH 试纸放到试管口检验。检验时不能直接用手拿已经剪成小片的试纸,防止因手不洁污染试纸以及不明气体对手造成伤害,应用一洁净玻璃棒蘸水后"点击"pH 试纸,在润湿试纸的同时把试纸沾到玻璃棒上,然后放置在试管口检验气体酸碱性。

为防止试管中残留水分对实验的影响,应使用烘干过的试管。

提醒:本实验是检验气体酸碱性,不是直接读出 pH,因为试纸颜色受溶解气体量的影响,时间越长,红色越明显。

为顺利沾起试纸,先将试纸置于干燥的表面皿上,再用沾水的玻璃棒"点击"试纸,注意玻璃棒与桌面尽量平行,使玻璃棒与试纸接触面增大。

7. 加热加有酚酞的 NaAc 溶液,观察溶液颜色变化

本实验用酒精灯加热试管中溶液,操作不正确易引起液体喷射伤人,应特别注意安全,操作时掌握以下几点:

（1）试管套入试管夹时,夹在距试管口约三分之一处。

（2）手持试管夹长柄,拇指不要按压短柄,防止试管脱落。

（3）加热时由上至下先使试管均匀受热,最后在盛有溶液处来回移动加热,不要让液体集中一处受热。

（4）试管与桌面约呈 45°,不要将试管口对着自己和他人。

提醒:NaAc 溶液呈碱性,加入酚酞后应该显红色,但实验中往往发现溶液呈无色,这是由于水中溶解了二氧化碳等气体而呈酸性,致使变色不明显;加热后,NaAc 水解程度增加,溶液出现明显红色。

8. 离心分离练习

在使用离心机之前请认真阅读实验教材中相关使用要求。本部分内容采用如图 1-1 所示的离心试管进行实验,便于采用离心的方式进行固液分离。离心试管要保证等重、对称放置,防止因不平衡而损坏仪器。如果只操作一支试管,可取另一支离心试管放入等量水,以保证在机器中对称。开机时应从低速开始,待运转平稳后再逐级调至高速;离心结束则由高挡逐级降到低挡,待机器运行结束再取出离心管。

有些离心机有离心套管,使用前做好检查,看套管是否有缺失或损坏,避免让离心试管掉入机器中。

洗涤沉淀时,上层清液的吸取要注意先把滴管胶头中空气挤出,再伸入液面下小心吸取清液,防止底部固体被搅起。取完清液后再加水,用尖头玻璃棒或细玻璃棒充分搅动以洗涤沉淀,再按同样方法进行离心。

三、实验记录和报告

1. 实验记录

学生在实验过程中要养成如实记录和使用实验记录的习惯,实验记录应简洁,一

些过程实验可采用线图的方式,实验记录参考格式(部分内容)如下所示。

---

2. 指示剂的显色

介质	加甲基橙后颜色	加酚酞后颜色	酸碱性
纯水	橙色	无色	中性
HCl	红色	无色	酸性
NaOH	黄色	红色	碱性

5. 五色实验

$NiSO_4$ 溶液中加入乙二胺:

滴数	1 滴	2 滴	3 滴	4 滴	5 滴
颜色	浅蓝	深蓝	深蓝	紫色	紫色

7. 0.5 mL NaAc $\xrightarrow{\text{1滴酚酞}}$ 微红 $\xrightarrow{\text{加热}}$ 红色加深

---

2. 实验报告

实验报告在实验教材第 4 页有相应的参考模板,本实验采用图表方式显得较为简洁,应避免全篇的文字描述,实验报告参考格式(部分内容)如下所示。

序号	实验内容	实验现象	原因及解释
(7)	NaAc 溶液中加入酚酞 将溶液加热	溶液呈微红色 红色加深	$Ac^- + H_2O \Longrightarrow HAc + OH^-$,呈碱性 加热有利于 NaAc 水解
(8)	略	略	略

四、问题与讨论

(1) 试指出图 1-6 所示操作中的错误。

图 1-6 所示错误操作包含:①试管中液体超过试管容积的 1/3;②拇指按压试管夹短柄;③使用酒精灯内焰加热。

(2) 玻璃棒搅动烧杯中溶液加快固体溶解或搅动离心试管中溶液以洗涤沉淀时有什么操作要求?

玻璃棒搅动溶液时要求沿一个方向进行,不要碰触烧杯壁或试管壁,尤其对于离心试管中沉淀的洗涤,由于使用的是尖头玻璃棒或细玻璃棒,碰触可能会使玻璃棒损坏。

（3）实验室所用自来水龙头与家用水龙头有什么区别？开启时应注意什么？

为洗刷试管等细口仪器的方便，实验室的水龙头通常加装了尖嘴出口，出水压力大，开启时应慢慢打开，防止喷溅。在洗刷试管、烧杯等仪器时应特别注意，水流过猛可能会使容器中残留的试剂溅到身上，有发生意外的可能。

图 1-6　试管中溶液加热的错误操作

（4）指出图 1-7 所示操作中的错误。

图 1-7(a)中的错误是没有事先将试管中的废液倒掉，存在溅出伤人的危险；图 1-7(b) 中的错误是不能同时洗刷多支试管，同时握几支试管时，用力小易发生脱落，用力过大可能导致试管破损而被扎伤。

（5）指出图 1-8 所示操作中的错误。

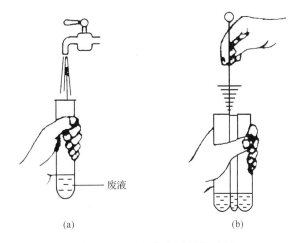

(a)　　　　　　　　(b)

图 1-7　洗刷试管错误操作示例

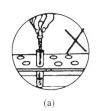

(a)　　　　　(b)　　　　　(c)　　　　　(d)

图 1-8　滴管使用错误操作示例

（a)滴管不能伸入试管内，防止污染；(b)滴管不能随意放于桌上，防止污染和弄混，取完溶液应及时放回试剂瓶；(c)滴管不能倒置，防止溶液腐蚀胶头；(d)应先将滴管中溶液挤回试剂瓶再盖好。

（6）玻璃仪器洗刷完毕，在实验橱中摆放时应遵循什么原则？

将洗净的玻璃仪器摆放回实验橱时,应遵循由内及外、由高到低的原则,这样便于观察实验橱内仪器的分布情况。此外,取用仪器时,较高的仪器放到内部可避免在取用时被碰倒,降低了仪器被损坏的概率。

(7) 进入实验室后,是否有必要把个人仪器橱中的所有仪器都洗刷一遍再开始实验?

这个问题看似可笑,但实际实验中确实有不少同学这样做,正确的做法是:课前做好充分的预习,了解本次实验会用到哪些仪器,到实验室洗刷所需的仪器即可,全部洗刷,既浪费时间,又没有必要。

(王金刚编写)

实验 2　溶液的配制

一、预 习 提 要

进行本实验的目的有两个:一是建立一般溶液与标准溶液的概念;二是采用正确的步骤进行溶液配制。

对于所配制溶液的性质,从语言描述和有效数字上就可以进行判断。例如,配制浓度约为 $0.2\ mol \cdot L^{-1}$ 的 HCl 溶液 500 mL,从有效数字的保留和叙述形式可判断溶液为一般溶液,用量筒量出所需体积,加水稀释至约 500 mL 即可;若要求准确配制浓度约为 $0.1\ mol \cdot L^{-1}$ 的乙二酸钠溶液 500.0 mL,由于乙二酸钠为基准试剂,而且要求"准确"配制某浓度,需根据浓度和体积计算所需乙二酸钠质量后,用分析天平准确称取(与所需质量相近,但读数应准确至小数点后四位),最后溶液需定容到容量瓶(体积准确)中,根据所称乙二酸钠实际质量和所配制溶液体积准确计算浓度(浓度值一般保留四位有效数字)。

不同溶液的配制要求不同,所需仪器不能"混搭"。例如,用基准试剂准确配制某浓度溶液,必须使用分析天平准确称量试剂质量,在洁净烧杯中用去离子水溶解后,必须完全转移至相应的容量瓶(玻璃棒引流、多次冲洗烧杯和玻璃棒,冲洗液同样转移至容量瓶),最后定容至容量瓶刻线。这类溶液配制的关键仪器为分析天平和容量瓶。配制一般溶液时要求较低,对固体试剂用普通电子天平(一般精度为 0.1 g 或 0.01 g)称量,液体试剂用量筒量取即可;最后的定容体积也较为粗略,烧杯或有刻度的试剂瓶就可以满足要求。使用仪器不合理,如用电子天平称量固体,最后用容量瓶定容,说明对概念理解不清,应注意加以纠正。

标准溶液的配制一般分两类,使用基准试剂时,用分析天平准确称量,最后用容量瓶定容后即可准确计算浓度,这里的关键仪器是分析天平和容量瓶;对非基准试剂,如 HCl、NaOH 等,由于试剂易吸潮、挥发等原因导致浓度不准确,其配制方法与一般溶液相同,配制后的准确浓度可采用滴定法进行标定。

标准溶液的配制还有一种是稀释法,即将一标准溶液稀释成另一浓度。其方法是用移液管准确移取一定体积的原标准溶液,将其完全转移至另一容量瓶(一次完成,根据原标准溶液浓度和欲配制浓度选用合适的移液管和容量瓶)后,加水定容即可。根据原溶液浓度、移取体积以及最后定容体积计算新配溶液浓度,注意有效数字的保留。

对于 NaOH 等易溶于水的试剂,直接加水溶解、定容即可,此为直接溶解法;对于 CaCO$_3$ 等难溶于水的试剂,或 SnCl$_2$ 等在水中易水解的试剂,应将其溶解到一定介质中(如盐酸溶液),再加水稀释定容,此为介质溶解法。

根据上述提要,认真阅读实验教材相关内容,完成下述预习题目:

(1) NaOH 固体有腐蚀性,应如何称量?

(2) 配制 0.1 mol·L^{-1} 的盐酸溶液时,可否用滴管从试剂瓶中吸取浓盐酸? 应如何操作?

(3) 配制硫酸溶液时,是将浓硫酸加入水中,还是将水加入浓硫酸中?

(4) 移液管润洗的目的是什么? 每次润洗液的体积是多少?

(5) 容量瓶如何检漏?

(6) 使用移液管时,要求必须用食指堵住移液管的上孔,这样操作有什么优点?

(7) 从移液管中放液时,除要求移液管竖直外,下口也必须贴在接受容器的内壁,其目的是什么?

(8) 配制乙二酸基准溶液时,经烧杯溶解的乙二酸必须完全转移至容量瓶,为防止烧杯中最后一滴溶液沿烧杯外壁流下造成误差,应如何操作?

(9) 准确稀释乙二酸基准溶液时,可否先移取溶液至烧杯、加水稀释后再转移至容量瓶?

二、实 验 指 导

本实验为基础性操作训练实验,掌握正确的溶液(尤其是标准溶液)的配制方法对于后续的实验非常重要,请同学们一定要通过本实验正确理解不同溶液的概念,熟练掌握不同溶液的配制方法,为后续实验的顺利进行打下良好基础。

本实验所用仪器除天平外,还包括量筒、移液管、容量瓶的使用,请同学们在课前认真阅读实验教材中有关仪器使用的内容,再通过实验掌握其操作。

1. 配制 0.1 mol·L^{-1} NaOH 溶液

这属于一般溶液的配制,只能配制成与要求值近似的浓度,若想知道准确浓度则需进一步标定。本实验首先应注意不要使用称量纸称取 NaOH;其次应注意,尽管体积较为粗略,也要正确理解"定容"的概念,操作上不是加一定体积水,而是加水到一定体积(如要求配制 40 mL 溶液,应先用少量水溶解 NaOH,冷却后加水至溶液体积为 40 mL,而非加 40 mL 水溶解 NaOH);最后注意玻璃棒搅拌时应按一个方向进行,尽可能不碰触烧杯底部和烧杯壁。NaOH 属于易潮解物质,取完试剂后应及时盖上瓶盖。

NaOH 属于腐蚀性试剂,若不小心溅到眼中,应马上用大量水冲洗,然后报告老师做进一步处理。若沾到手上,立即用水洗净即可,一般不会造成进一步伤害。

建议:实验教材中的溶液配制体积为一般性要求,如果单纯进行练习性实验,所配制溶液无其他应用,可以适当减少配制量,既达到练习的目的,又减少试剂的损耗。本实验建议配制量:200 mL。

图 1-9　向量筒中倒入试剂

建议配制量:200 mL。

2. 配制 0.1 mol · L^{-1} HCl 溶液

本实验属于一般溶液的配制,浓盐酸的取用使用量筒即可。从试剂瓶中向量筒中转移盐酸时,采用直接转移的方式,如图 1-9 所示,事先目测溶液应在量筒中的位置,将量筒倾斜,瓶口接触量筒,将盐酸缓缓倒入量筒中。由于量筒本身精确度不高,量取时允许有一定的误差。不应随意使用滴管从试剂瓶中吸取溶液,以免造成污染。

浓盐酸的物质的量浓度可近似按 12 mol · L^{-1} 计算。

3. 配制 3 mol · L^{-1} H$_2$SO$_4$ 溶液

浓硫酸属于高危性试剂,一定要按照要求进行稀释,浓硫酸要沿烧杯壁缓缓倒入,同时用玻璃棒不断搅动,防止局部过热而发生危险。如果不小心沾到皮肤上,应马上用大量水冲洗,然后报告老师做进一步处理。

98% 的浓硫酸,密度为 1.84 g · mL^{-1},物质的量浓度可近似按 18 mol · L^{-1} 计算。

建议配制量:30 mL。

4. 配制 0.01 mol · L^{-1} 和 0.001 mol · L^{-1} 左右的乙二酸基准溶液

乙二酸属于基准试剂,可准确称量后直接配制标准溶液(确定体积,使用容量瓶定容),无需进一步标定。事先根据要求的浓度和体积计算所需质量,用分析天平在规定范围内准确称取乙二酸,精确至小数点后四位。加少量水溶解后采用图 1-10(b)所示的方法转移至容量瓶(事先经检漏),转移时注意最后一滴的处理,应将烧杯口沿玻璃棒上提,使烧杯口最后残留的溶液顺玻璃棒流入容量瓶,然后拿开烧杯,防止最后一滴溶液沿烧杯外壁流失。用蒸馏水冲洗烧杯和玻璃棒数次,用同样方法转移,保证所称量的乙二酸被完全转移至容量瓶。

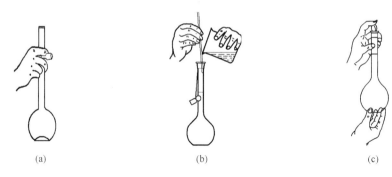

(a)　　　　　　　　　　(b)　　　　　　　　　　(c)

图 1-10　溶液转移和容量瓶手持方法

最后的定容采用洗瓶直接滴水至刻度线,如果使用滴管加水,必须保证滴管洁净。

振荡容量瓶的方法,右手持瓶底,左手中指和拇指捏住瓶口,食指压住瓶塞[图 1-10(c)],瓶口朝下用力振荡;竖直后再瓶口向下,同样方法振荡,反复十余次。

解析:本实验的"提要"部分已对理解配制要求的方法进行了分析,如果实验要求配制 $0.010\,00$ mol·L^{-1} 浓度的溶液 250.0 mL,毫无疑问应该使用指定质量称量法称取试剂(根据要求的浓度和体积准确计算应称取的试剂质量,再用分析天平准确称量,精确至 0.0001 g),然后溶解、转移、定容至 250 mL 容量瓶中。但对于在空气中不稳定的试剂不宜采取指定质量称量,自身呈颗粒状晶体的试剂采用指定质量称量也有一定困难(部分试剂可以研磨后再称量)。此类溶液的配制不宜采用 $0.010\,00$ mol·L^{-1} 之类表述,可以使用"准确配制 0.01 mol·L^{-1} 左右浓度的某某溶液"或"配制 0.01 mol·L^{-1} 左右浓度的某某基准溶液"。实际称量时可以称取接近所要求(根据要求的浓度和体积计算)的质量(使用分析天平,准确读取),溶解、转移、定容至所要求的体积(如 250 mL 容量瓶中,即 250.0 mL),根据称取的试剂质量和所配体积重新计算浓度(接近要求浓度,保留四位有效数字)。

小知识:移液管、容量瓶和滴定管的读数有严格的要求。移液管读数一般可以准确至小数点后两位,如 25.00 mL,保留四位有效数字;当移液管容量超过 100 mL 时,可以只记小数点后一位,仍保留四位有效数字,如 100.0 mL;当移取溶液体积小于 10 mL 时,根据移液管的精度,只能记三位有效数字,如 2.50 mL。容量瓶的读数可以采取类似的方法,如 250.0 mL、50.00 mL 等。常量滴定用的滴定管读数需精确至小数点后两位,如 23.56 mL、7.82 mL 等。

0.001 mol·L^{-1} 左右的乙二酸基准溶液是由前面所配 0.01 mol·L^{-1} 乙二酸溶液稀释得到,应准确移取一定体积溶液转移到另一容量瓶,加水定容。进行本步实验时常见的错误包括:①用量筒取溶液;②用移液管移取溶液后先转移至烧杯,稀释后,再从烧杯中转移至容量瓶;③用不适宜的移液管多次移取溶液至容量瓶。

错误分析：①量筒的精确度较低,其读数最多能估计到小数点后一位,不能准确量取体积;②移液管移取溶液至烧杯,再转移至容量瓶,增加了不必要的步骤,也容易产生误差;③移液管每移取一次溶液会产生一次误差,多次移取会造成多次误差。

正确的移液方式是采用正确的移液管,一次直接移取溶液至容量瓶,再加水至标线,摇匀。

建议:以方便和节约为原则,本实验可灵活调整要求,如第一步配制 250.0 mL 0.01 mol·L^{-1} 左右的乙二酸基准溶液;第二步稀释成 0.005 mol·L^{-1} 的溶液,即移取 25.00 mL 溶液定容至 50 mL 容量瓶中。

移液管的使用是本实验的重点和难点之一,在进行本实验之前要认真阅读实验教材中相关使用方法的内容以及演示资料,掌握正确的洗涤、润洗和移液方法。

(1)洗涤:如果移液管较脏,需先用洗液洗涤(如果不脏,可省去洗液一步),然后用自来水和蒸馏水各冲洗三次。

思考:判断玻璃仪器是否洗净的标志是什么?

(2)润洗:润洗的目的是保证从移液管中释放的溶液浓度与待稀释的溶液一致,润洗前应先用吸水滤纸吸去移液管外壁的水,再将吸水滤纸置于管口吸去管内残余水。将洗耳球中空气挤出后置于移液管上端,慢慢吸取约占移液管体积 1/4 的溶液,及时用食指堵住上口防止溶液流出;放平移液管后转动移液管润洗,再稍倾斜移液管使溶液润洗至接近上端口的位置(不从上端流出),再从下端口放液。重复润洗三次。

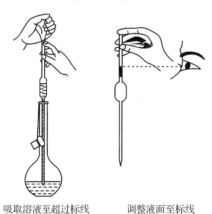

吸取溶液至超过标线　　调整液面至标线

图 1-11　移液管吸取溶液及调整液面

(3)移液:为准确移液,正确的手持姿势非常重要,应该左手拿洗耳球,右手持移液管,吸取溶液至标线上端。右手手持时,用拇指和中指捏住移液管接近上端的位置,保证食指可以轻松地堵住管口,如图 1-11 所示。要求用食指堵移液管,也为方便地利用拇指和中指"捻动"移液管,在食指和管口间产生缝隙,从而控制溶液缓缓下降,直至到达标线。

注意:为更好地控制液面,除正确的手持方法外,右手食指和上端管口干燥也很重要,因此润洗时注意不要让溶液从移液管上端流出。此外,从试剂瓶中移取原溶液时,移液管不要戳至容器底部,避免将移液管尖碰碎。

放液操作如图 1-12 所示,应注意以下几点:①上端:右手食指堵漏,抬起右手食指则放液;②管身:垂直,让溶液自由流下,勿通过洗耳球吹压加快流速;③下端:尖嘴与接受容器内壁接触,接受容器倾斜;④放液结束:等 10~15 s,最后一滴留在管中(如果移液管上有"快"、"吹"字样,最后一滴应吹入容器)。如果尖嘴不与接受容器内壁接触,则管中残留溶液超过一滴;此外,移液管不与容器内壁接触,液体也有溅出的可能。

5. 配制 $0.1 \text{ mol} \cdot \text{L}^{-1} \text{ SnCl}_2$ 溶液

本实验属于介质溶解法。由于 SnCl_2 在水中会强烈水解,生成难溶的白色沉淀,必须将其溶解到 HCl 溶液中,然后加热至溶液澄清后再稀释到规定刻度。SnCl_2 的水解反应:

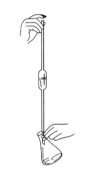

图 1-12 移液管放液操作

$$\text{SnCl}_2 + \text{H}_2\text{O} \Longrightarrow \text{Sn(OH)Cl} \downarrow + \text{HCl}$$

建议溶液配制量:20 mL。

本实验使用电炉加热烧杯中的溶液,注意用电安全。电炉不使用时通常会摆放在试剂架下面,使用时应摆放至实验台中间,切不可在试剂架下直接使用。试剂架通常为复合材料制品,电炉直接烧烤可能引发危险。

本实验所配制的溶液均需回收至指定容器中,不要随意倾倒。

三、实验记录和报告

实验记录要求:记录称取(量取)试剂的质量(体积)以及最后配制的溶液体积,可省略实验步骤。

实验报告要求:除常规的实验目的、结果讨论等内容外,在实验内容部分建议采用线图的方式写明所称取(量取)试剂的质量(体积)和简单配制过程,计算最后所得溶液的浓度,注意有效数字。在实验步骤中要体现出用什么仪器称取(量取)试剂、用什么仪器定容体积等内容。

四、问题与讨论

(1) 指出下列配制溶液所需仪器搭配中的错误:①量筒,烧杯,玻璃棒,容量瓶;②分析天平,烧杯,容量瓶,试剂瓶。

①将粗略浓度的液体试剂稀释成一定浓度的普通溶液时,使用量筒量取溶液,烧杯定容后再转移至试剂瓶即可,稀释标准溶液时,用移液管直接移取溶液至容量瓶,加水稀释定容,量筒与容量瓶属于不合理搭配;②用基准试剂配制标准溶液时,用分析天平准确称取试剂,在烧杯中溶解后定量转移至容量瓶定容,短期内直接在容量瓶中取用即可。经分析天平准确称量的试剂溶解后,用烧杯或试剂瓶定容仍得不到准确浓度,所以分析天平与试剂瓶属于不合理搭配。

(2) 一般溶液和标准溶液的浓度在有效数字的保留上有什么要求?

标准溶液由基准试剂准确配制或简单配制后由另一标准溶液标定,主要用于滴定分析,通常保留四位有效数字,如 $0.012\ 34\ mol \cdot L^{-1}$;一般溶液通常由非基准试剂按近似浓度配制而来,主要用于一般性质实验、酸度控制等,其浓度较为粗略,一般保留 $1\sim 2$ 位有效数字,如 $3.0\ mol \cdot L^{-1}$ HCl 溶液,$0.1\ mol \cdot L^{-1}$ NaCl 溶液。

(3) 实验中仪器的干净、干燥处理与生活中有什么区别?

实验中仪器的干净与生活中不同,对于玻璃仪器,一般经洗液、洗涤剂等洗涤后,还需用自来水、蒸馏水各冲洗三次以上才认为干净。要想干燥,可采用烘干或晾干的方式进行,但绝不允许用滤纸或面巾纸擦干。

(4) 要求准确配制浓度约为 $0.1\ mol \cdot L^{-1}$ 的乙二酸钠溶液 250 mL,下面两位同学的做法哪一个更合理?

甲:根据所要求浓度和体积,用分析天平称取乙二酸钠,质量范围为 $3.0\sim 3.5$ g(精确至小数点后四位),然后溶解、转移,最后定容于 250 mL 容量瓶中,根据实际称量的乙二酸钠质量计算溶液浓度,保留四位有效数字。

乙:确定所配溶液浓度为 $0.1000\ mol \cdot L^{-1}$、体积为 250.0 mL,经计算需要乙二酸钠 3.3500 g。用分析天平小心称量乙二酸钠固体 3.3500 g(乙二酸钠为晶体颗粒,精确至 3.3500 g 有一定困难,实际有误差),溶解转移后定容至 250 mL 容量瓶。

本题目所涉及的问题经常困扰一些初次进行溶液配制实验的同学。通常来说,在滴定分析中无需配制某一特定浓度的溶液,而且很多基准试剂为粒状晶体,很难准确称量某一指定的质量。本实验要求为“准确配制浓度约为(此处注意‘约为’两字)$0.1\ mol \cdot L^{-1}$ 的乙二酸钠溶液 250 mL”,浓度略高或略低于 $0.1\ mol \cdot L^{-1}$ 都可以,但最后配制成的溶液浓度是已知而且准确的(需计算),需要保留四位有效数字。

正确的配制方法是先根据所要求浓度和体积计算所需质量(本题目约为 3.35 g),然后按甲所采用的步骤称取并配制乙二酸钠溶液,最后重新计算浓度。

小 贴 士

容量瓶塞子的绑法

容量瓶与磨口玻璃塞是一一对应的,一旦弄混会导致塞不严而漏液,因此需要用橡皮筋或棉绳将磨口塞绑在瓶身上。不少同学不知道如何使用橡皮筋绑住瓶塞,其实绑瓶身与塞子的方法与绑套索的原理一样,绑后应越拉越紧,可按图 1-13 的方法进行:左手捏住橡皮筋一端,右手拇指和食指朝下撑起皮筋[图 1-13(a)],然后顺时针朝上挽起皮筋,把右手拇指和食指捏住[图 1-13(b)],左手辅助将右手拇指和食指上的皮筋从外侧“搓下”,此过程中右手拇指和食指一直不要松开,使右手上被“搓下”的皮筋挽成一个活扣[图 1-13(c)];左手辅助把活扣撑开并套在容量瓶瓶口,拉紧[图 1-13(d)~(f)];按同样的方式在另一端挽成一个扣,套在瓶塞上[图 1-13(g)~(h)],即可将容量瓶与瓶塞绑在一起。

小 贴 士

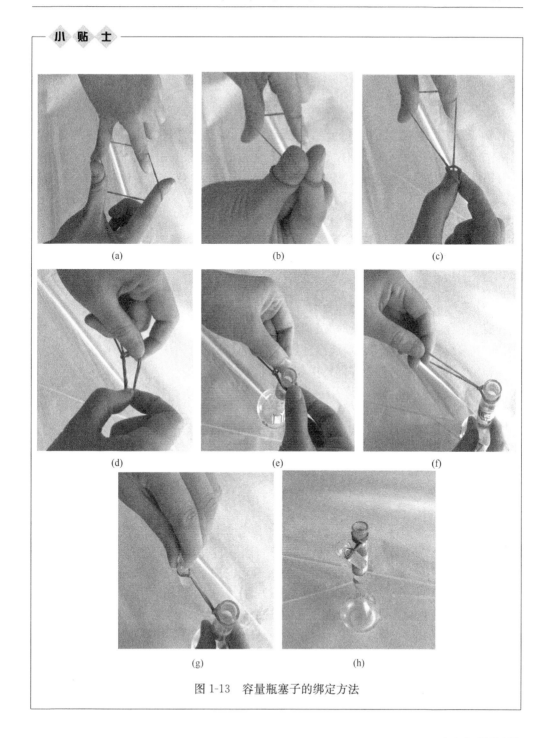

图 1-13　容量瓶塞子的绑定方法

（王金刚编写）

实验 3　分析天平操作练习

一、预 习 提 要

分析天平是定量分析中最重要的仪器之一,属于贵重精密仪器,使用过程应严格按操作规程,轻拿轻放,不要超过天平的称量限度(一般为 100 g 或 200 g)。目前所用天平基本为电子分析天平,与过去的电光天平相比,取放被称量物时无需关闭天平,也无需添加砝码,使用更加方便。

进行本实验之前,认真阅读实验教材中分析天平使用和称量方法的相关章节,完成以下预习题目:

(1) 分析天平读数可以到小数点后第几位?

(2) 常用的称量方法有哪几种? 分别适用于称量什么物质?

(3) 递减称量时,天平读数是什么的质量?

(4) 指定质量称量法称量时,试剂加过量应如何处理?

(5) 递减称量时,如果称样超出规定范围应如何处理?

(6) 可否用手接触称量容器? 应如何操作?

二、实 验 指 导

分析天平是后续实验,尤其是定量分析实验中使用的必不可少的工具之一。本实验将通过利用电子分析天平称量几种试剂,学习针对不同样品的称量方法。

1. 直接称量法

直接将被称量物或容器放在天平盘上进行称量的方法称为直接称量法。例如,配位滴定中高纯金属锌的称量,重量分析中灼烧后的坩埚的称量等。用直接称量法称量试剂时,要求所称量物质在空气中性质稳定,称量时一般可使用专用的称量容器,也可以使用干燥洁净的表面皿或小烧杯等。

注意:不管是向天平上放置称量容器还是试剂都应注意轻拿轻放,放置时用力过大会使质量瞬间超过天平量程,有可能导致仪器损坏;对所称量物质的质量没把握时,可先在电子天平上预称,确定是否适宜在分析天平上称量。

称量容器或试剂的移取应使用专门的工具,如镊子、药匙等,避免手直接接触,以防手上汗渍和油渍沾到容器上而影响准确性。

放置待称量物之前先回零,天平的回零键一般为"去皮"、"T"、"T/O"等按键。读数时应关闭天平四周小门,避免因走动等影响显示稳定性,待天平显示稳定时即可读数。

2. 指定质量称量法

指定质量称量法要求准确称量某指定的质量,或指定很小的误差范围,适合称量在空气中性质稳定而且呈粉末状的样品。称量接近所需质量时,应用左手轻拍持药匙的右手的手腕,使少量试剂落入称量容器;如果加入试剂过量,可取出少量重新加,但取回的多余试剂不得放回原瓶,以防污染。

称取的试剂若在本实验中无进一步用途,应将试剂回收至指定的容器中,切不可放回原试剂瓶或样品袋,以免造成污染。

3. 递减称量法

递减称量法也称差减法,用于称量在空气中不稳定(如易吸水、易风化、易氧化、易与二氧化碳反应等)的物质,必须将试剂放在带盖的称量瓶中,连同称量瓶(含瓶盖)一起称量,所取样品的质量通过两次称量的差值计算。

称量瓶的使用如图 1-14 所示。为防油污和汗渍影响称量,称量瓶不得用手直接接触,可用纸带或戴手套操作。称量瓶随意放置会导致灰尘沾附影响称量,因此称量瓶所在位置通常有三个:不用时置于干燥器中,取放时拿在手中,称量时放在天平盘上。在实验过程中,部分同学为方便,把几个称量实验所用试剂一次拿过来,这会导致称量瓶被污染,称量瓶只能放在实验台或工具盘里,应随取随用,称完及时放回干燥器。

图 1-14　从称量瓶中倒出试剂

从干燥器中取出的称量瓶先放到已经回零的天平上称量初始质量,记录后取出称量瓶,在接受容器(如烧杯,烧杯不要求干燥,但应事先清洗干净)上方打开瓶盖,用瓶盖轻轻敲击瓶口上部(图 1-14),使试剂慢慢落入接受容器。估计取样量符合要求后,慢慢将瓶竖起,同时瓶盖敲击瓶口上部,使在瓶口的试剂落回瓶中,盖好瓶盖后放回天平称量;若取样量不足,则按同样方法取样,直到倾出试剂质量符合要求为止。称量完毕,将称量瓶放回干燥器,取样质量按两次称量数值计算:$m = m_{初} - m_{终}$。

注意:取出试剂不能再放回称量瓶,因此采用递减称量法称量时,一旦倾出试剂超出称量要求,则需将试剂倾倒至指定回收容器并洗刷烧杯后重新称量。

分析天平使用的其他要求:

(1) 天平使用前应注意调平,通过调节支脚螺丝使调平指示窗中的水泡进入中央圈中。

(2) 平时保养注意保持干燥,在天平中放置变色硅胶。

(3) 使用前后注意清理天平内部、尤其是称量盘上的灰尘。

(4) 使用完毕,关闭天平,盖上防尘罩,清理桌面及工具盘中散落的试剂。

实验记录要求:

(1) 根据分析天平所能达到的精度,完整记录称量数据。

(2) 记录递减称量法的称量结果时,不必把每次称量结果均记录下来,只需记录初始质量和最后符合要求的一个质量数值即可。

三、问题与讨论

(1) 用分析天平称量某试样的质量为 0.2314 g,试计算称量的相对误差。

分析:尽管从天平上可以明确读数至小数点后第四位,但最后一位仍可认为是估计值,存在 ± 0.0001 g 的误差,因此本次称量的相对误差为

$$\frac{\pm 0.0001}{0.2314} \times 100\% = \pm 0.043\%$$

(2) 递减称量法称取试剂质量时,第一次称量结果为 35.4217 g,第二次称量结果为 35.1717 g,则应如何记录实际称量结果?

实际称样量为:35.4217 g － 35.1717 g ＝ 0.2500 g

分析:两次质量之差为实际称取量,0.25 后的两个"0"不能省略,属于有效数字,表明本次称量所能达到的精度。

(王金刚编写)

实验 4 滴定分析操作练习

一、预 习 提 要

在仪器分析应用日益扩大的今天,化学分析法仍具有重要的地位。作为化学分析方法中应用最为广泛的滴定分析,因其具有简单、快速、结果准确等诸多优点,在常规定量分析中具有其他分析方法所不可比拟的优势。本实验将通过基本的酸碱滴定操作学习滴定管的使用以及滴定终点的判断。

在进行本实验之前,请认真阅读实验教材中酸碱滴定管的使用和滴定要求,完成以下预习题:

(1) 滴定管的润洗以及润洗液的放出与移液管有什么不同?

(2) 什么是平行实验? 进行多次平行滴定时有什么要求?

(3) 酸碱滴定到达终点时,为什么要求溶液半分钟不褪色即可? 再长时间会怎样?

(4) 本实验所用 HCl 溶液与 NaOH 溶液配制好后因未标定而不知道其准确浓

度,请问会不会影响本实验的滴定结果?

（5）滴定至滴定管的最后刻度后时,指示剂仍未变色,可否再装液继续滴定?

（6）滴定管应读数至小数点后几位?

（7）配好的 NaOH 溶液或 HCl 溶液能否直接在烧杯中取用?

（8）实验过程中,相邻同学的移液管发生混用会出现什么后果?

（9）如何将试剂瓶中的溶液转移至滴定管中?

（10）酸式滴定管长期不用时,为防止磨口塞"粘死",应做什么处理?

二、实 验 指 导

1. 0.1 mol・L^{-1} HCl 溶液和 NaOH 溶液的配制

分别用量筒和电子天平量取、称取盐酸和 NaOH,溶解并定容至规定体积。由于都是非基准试剂,使用烧杯定容即可。溶液配好后及时转移至细口试剂瓶,HCl 溶液用玻璃瓶盛装,NaOH 溶液通常用塑料瓶盛装。浓盐酸的浓度近似按 12 mol・L^{-1} 计算。

常见错误: 部分学生在配好溶液后直接在烧杯中取用,或者移取溶液时先从试剂瓶中倒入烧杯再取用。由于 HCl 溶液和 NaOH 溶液颜色在外观上无差别,极易混淆,而且溶液在敞口烧杯中存放容易被污染,配好后应及时转移至相应的试剂瓶,盖好瓶塞。移取溶液时直接在试剂瓶中进行,再倒入烧杯容易被污染和稀释。

溶液配制并转入试剂瓶后,尽管未标定,但其浓度具有确定值。因此,当移取相同体积的 HCl 溶液进行平行滴定时,消耗 NaOH 溶液的体积应是一定的;用 HCl 溶液滴定 NaOH 溶液同样如此,只要不出现大的操作误差,平行滴定的结果（消耗滴定剂体积）应相近。

2. NaOH 溶液与 HCl 溶液浓度的比较

滴定操作是定量分析实验的重点和难点,应注意以下几个细节:

（1）检漏。滴定管使用前应注入清水检验是否漏液,尤其酸式滴定管,密封不好可能会从旋塞处漏液。如果发生漏液,需在旋塞处涂抹凡士林,凡士林一是起到密封作用;二是可以增加润滑性,使操控更容易。涂抹凡士林时要注意避开旋塞上的小孔,以免发生堵塞,涂好后插入旋塞按一个方向旋转,至凡士林分布均匀。

在凡士林涂抹环节,经常会有学生因涂抹过多或涂抹位置不佳导致小孔堵塞,影响了实验进度。正确的涂抹方法如图 1-15 所示,在小孔左右两侧的区域少量涂抹（过多易堵塞小孔,防漏效果也不好）,但应避开图中虚线所示的区域,以避免将塞子装入时,凡士林被挤压而堵塞小孔;塞子装入滴定管后按一个方向旋转,直至旋塞处颜

图 1-15　凡士林的涂抹方法

色一致,全部显示"透明色"。塞子安装后,一端套上胶套,以免塞子掉落。

碱式滴定管检漏比较简单,漏液通常因为胶管老化或玻璃珠太小引起,更换合适的玻璃珠或新的胶管即可。

| 小　贴　士 |

滴定管尖嘴被凡士林堵塞如何处理

在使用酸式滴定管时,经常会发现凡士林涂抹不正确而导致的堵塞现象,新堵的部位可用细铁丝捅开,但如果堵塞时间较长,凡士林已经干硬则很难处理。出现这种情况时,可将发生堵塞的部位浸入热水中,由于凡士林在 $45\sim60\ ℃$ 即发生熔融,流出滴定管,滴定管通畅后即可使用。

(2)洗涤与润洗。与移液管一样,滴定管也需进行洗液洗涤(如果滴定管内无油污污染可省略此步)、自来水洗涤、蒸馏水冲洗、待装溶液润洗等步骤,润洗液体积通常为 $5\sim10\ mL$,润洗三次。由于溶液是由滴定管顶部倒入,整管均需润洗。润洗液放出要求与移液管不同,需两端放液,而移液管是从底端放液。

(3)装液与调整液面。润洗后的滴定管装入溶液用于滴定,装液应高于零刻度线,通过放液调整液面至零刻度或低于零刻度,不允许用滴管加液至零刻度。装液时采用从试剂瓶中直接倒入的方式,其方法如图 1-16 所示,即滴定管倾斜,试剂瓶口与滴定管口接触,将溶液缓缓倒入滴定管(润洗时以同样的方式加入溶液)。

本步实验操作常见的错误是将溶液倒入烧杯或量筒,然后再从烧杯或量筒转移至滴定管,这些不必要的操作(包括最后用滴管加满)可能会造成试剂污染或稀释,应采用最少的步骤完成实验。

调整液面:加装溶液应高于零刻度,然后通过放液的方式调整至零刻度;如果因放液或赶气泡导致液面过低,可按如图 1-16 的方式继续加入溶液超过零刻度,再放液调整,不要用滴管或其他移液工具加入少量溶液至零刻度,以免造成污染或稀释。

(4)赶气泡。酸式滴定管中的气泡一般通过快速释放溶液的方式即可赶出;碱式滴定管需通过如图 1-17 所示的方式赶出,即先用一手持滴定管使其倾斜,另一只手捏胶管使下端尖嘴上翘,通过挤压玻璃珠使溶液快速排出,带出气泡,再慢慢放下滴定管。如果酸式滴定管中的气泡难以去除,也可以在滴定管末端接上胶管,采取与碱式滴定管类似的方式除去管中气泡。

碱式滴定管的操作手法错误会在滴定过程中再引入气泡而导致误差。如图 1-18 所示,在用拇指和食指挤压玻璃珠的同时,中指和无名指应起到固定滴定管的作用,防止胶管甩动引进气泡。拇指和食指挤压玻璃珠的位置是中上部的侧面(图 1-19 虚线圆圈所示区域),通过挤开一条缝隙使溶液流下。当松开手指时,管中溶液落下填充留下的空隙,不会在管中引入气泡;如果挤压玻璃珠下端,当松开手指时,空气从尖嘴口进入,填充留下的空隙,从而引入气泡。

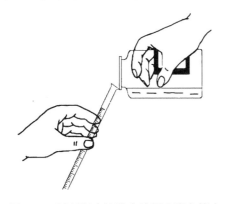

图 1-16　试剂瓶中溶液直接倒入滴定管中

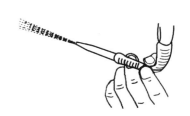

图 1-17　碱式滴定管中气泡的赶出

图 1-18　碱式滴定管的操作

图 1-19　碱式滴定管的挤压位置

（5）酸式滴定管操作。如图 1-20 所示,放置滴定管时,使有刻度一面对准自己,左手自然握过旋塞,掌心空虚不挤压靠近手掌一端,使用拇指、食指和中指控制旋塞,使溶液逐滴流下。

 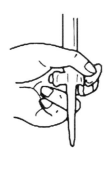

图 1-20　酸式滴定管操作

(6) 滴定操作。滴定操作时,使用锥形瓶作滴定容器,锥形瓶放置在铁架台时,瓶口距滴定管下端约 2 cm 较合适。滴定时右手握锥形瓶颈部,沿一个方向摇动锥形瓶,使溶液在瓶中旋转,不可来回转动,以免因溶液激荡而溅出。滴定开始的滴加速度可以较快,过程中间用洗瓶沿瓶壁快速冲洗,使瓶壁上沾附的溶液落下。当变色较慢时应减慢溶液滴加速度,最后可采用半滴操作,直至溶液变色。半滴是指在管口悬而未落的一滴溶液,用锥形瓶内口碰触后用洗瓶冲入锥形瓶。溶液变色保持半分钟不褪色即可认为终点到达,放置时间过长,指示剂颜色又会褪去。

滴定最适宜的接受容器是锥形瓶,如果手边没有锥形瓶也可用大烧杯代替,但烧杯振摇易使溶液溅出,滴定过程中应使用玻璃棒沿一个方向不断搅动。

(7) 读数。滴定时最好每次从零刻度开始,既便于计数,又不会因一次滴定时溶液量不够而导致失败。读数时应将滴定管取下,单手持滴定管上端无溶液部分使滴定管自然下垂,视线与管中凹液面平行读数。读数准确至小数点后两位,最后一位应准确估读,切不可简单地记作"0"或"5"。

滴定完毕,及时洗刷滴定管,不可在管中长期放置溶液。

滴定时待滴定液应使用移液管准确移取,也可以使用滴定管准确释放,应通过多次练习,准确掌握移液和放液的精度。

常见错误: 多人进行实验时,有时会因移液管保存不当发生混用,由于每人所配制溶液浓度不同,滴定管混用引入较大误差,因此移液管应注意专人专用,切不可随便放置。

指示剂选择: 理论上讲,本实验中酚酞或甲基橙都能满足误差要求,可以任意使用,但实际滴定时还应遵循易于判断的原则,如无色变粉红色易观察,但由红色变粉红色则难以判断,应根据加入的试剂选择更为适宜的指示剂。

本实验中滴定管如果使用不当易损坏,应注意以下几点:①滴定前检查铁架台是否稳固,蝴蝶夹是否稳定,滴定管是否夹到位;②移动或洗涤滴定管应注意保护玻璃旋塞,尽量不要离开桌面操作,以免塞子掉落地上摔坏;③酸式滴定管检漏完毕应在小头一端戴上卡帽或套上胶圈,防止旋塞掉落;④接自来水洗涤时不要被水龙头拗断滴定管上端;⑤遇到滴定管旋塞转不动的情况及时找老师处理,防止用力过猛折断。

三、实验记录和报告

实验记录无需书写实验过程,直接记录所配制溶液体积(含所称取 NaOH 质量和所量取盐酸体积)以及滴定时所消耗溶液的体积。滴定过程中所消耗溶液体积的记录可参考教材中表 3-3 和表 3-4 的格式,但数据无需在课堂上处理,因此只需保留体积部分的表格即可,参考格式如下所示。

实验记录中至少保留 5 组数据的位置,便于滴定实验结果平行性不佳时补充实验所用,在实验报告中处理数据时可进行误差分析,舍去偏差较大的结果。

实验报告需处理体积比、相对偏差等数值,可参照实验教材上表格进行。

项目 \ 次数	1	2	3	4	5
V_{NaOH}/mL	25.00	25.00	25.00	25.00	25.00
V_{HCl}/mL					

四、问题与讨论

（1）按实验教材要求配制溶液并用 HCl 溶液滴定 NaOH 溶液，发现 25.00 mL NaOH 溶液共消耗了超过 30 mL HCl 溶液，溶液是不是误差太大？是否需要重配溶液？

由于盐酸和 NaOH 均为非基准试剂，即使按计算数值认真量取（称取）和配制也难以获得相同的浓度，题目所示体积比完全正常，不必重新配溶液。

（2）一次滴定后，滴定管读数误差为多少？如果一次滴定时发现溶液量不足，重新装液继续滴定，读数误差为多少？

滴定管为开始和结束两次读数，每次读数均有 ±0.01 mL 的误差，因而一次滴定读数误差为 ±0.02 mL。如果一次滴定溶液不足，再装液后继续滴定，读数误差则为 ±0.04 mL，因而要求滴定必须一次完成，每次滴定完后应该重新装满溶液再进行下一次实验。同样，用移液管移取溶液也需要一次完成，应选择合适的移液管。

（3）滴定操作时，左右手应如何分工？

滴定操作要求左手操控滴定管，右手持锥形瓶，尤其对于酸式滴定管的使用，只有左手操控滴定管才能保证滴定管刻度对着自己。对于不同的实验仪器（如移液管、滴定管）规定了较为详细的操作规程，这些规程都是为更方便、准确地完成实验而设计的，同学们应适应、习惯这些要求，顺利完成实验。

（4）进行滴定实验时，哪些仪器需要润洗，哪些不需要润洗？

滴定管和移液管需要润洗，因为必须保证滴定管和移液管中溶液的浓度和原溶液一致。锥形瓶无需润洗，参与反应的物质的量已由滴定管和移液管所释放溶液决定；同样，锥形瓶也无需干燥，洗涤锥形瓶后残余的水以及冲洗内壁上试剂所加入的水都不会改变参与反应的物质的量。

（5）一同学在用移液管移取溶液后，又用洗瓶冲洗移液管，把冲洗液合并到锥形瓶中，这种操作是否合理？

这种操作不合理。移液管中溶液的浓度与原溶液一致，移液管中释放出的溶液体积也是确定的，冲洗移液管相当于多加入了溶液，而且多加的体积是不确定的，会显著增加实验误差，属错误操作。

（6）一同学在进行平行滴定实验时，两次用移液管移取 HCl 溶液 25.00 mL，一次用滴定管释放了 20.00 mL HCl 溶液，然后分别用 NaOH 溶液滴定，这样操作是否合理？

进行平行实验是为消除偶然误差,每次平行实验的条件必须严格保持一致,包括使用同一只润洗过的移液管、每次加入相同体积的待滴定液、加入相同量的指示剂等。三次滴定加入的 HCl 溶液体积不同,消耗 NaOH 溶液量必然不同,无法进行平均值以及偏差的计算。

(7) 进行滴定实验时为什么一般选择移取 25.00 mL 溶液?

移取体积太小则相对误差较大,而移取体积过大则不易进行锥形瓶振荡操作,溶液易溅出。所以,一般滴定操作选择移取体积为 25.00 mL。

(8) 长时间不用的滴定管应如何处理?

滴定管使用完毕后应将剩余液倒出并洗净滴定管。长时间不使用时,酸式滴定管的旋塞处应垫一小片纸再放置,防止磨口旋塞"粘死"而导致滴定管报废。

(王金刚编写)

实验 5　粗盐的提纯

一、预 习 提 要

本实验属于无机制备类实验。对于此类实验,制备的产率和产品纯度均是重要的指标。同时,进行此类实验,同学们还应有实际生产的意识,要把获得较高的产率和产品纯度与使用较短时间、消耗最少能源和材料有机结合起来,在实验中控制好溶液量和有效的过滤方法,以便能高质、高效地完成本实验。

请同学们认真阅读实验教材有关内容,完成以下预习题目:

(1) 称取 8 g 粗盐进行实验,要求在后续的溶解、除杂质过程中均保持溶液体积 30 mL 左右,这样做的目的是什么? 加水过多或过少会产生什么结果?

(2) 提纯后的 NaCl 溶液在浓缩之前为什么先用盐酸将溶液调至弱酸性?

(3) 蒸发浓缩过程中,直接将溶液蒸干会导致什么结果?

(4) 去除粗盐中 SO_4^{2-}、Ca^{2+}、Mg^{2+}、K^+ 等杂质离子的原理和方法是什么?

(5) 减压过滤时,仪器的安装应注意什么?

(6) 实验室有平底带柄的蒸发皿和圆底无柄的蒸发皿,使用电炉加热时,应使用哪种蒸发皿?

(7) 蒸发的最后阶段,如果温度过高可能发生晶体迸溅,应如何处理?

(8) 蒸发结束,为防止蒸发皿因急冷而发生炸裂,应如何操作?

(9) 实验室准备有直径 12.5 cm 和 9 cm 两种规格的滤纸,分别适于做哪种过滤?

二、实 验 指 导

本实验除学习粗盐提纯的原理和方法外,还着重练习常压过滤、减压过滤、蒸发浓缩等基本操作。

1. 粗盐的溶解

称取 8 g 粗盐,用 30 mL 左右的水溶解。尽量选用颗粒小的粗盐,大颗粒的最好碾碎再用,以提高溶解速度。加热不能使 NaCl 溶解度明显增加,但可以加快溶解速度。本过程用烧杯为溶解容器,采用电炉加热。加热过程控制好电炉温度,防止溶液溢出导致电炉短路而熔断。

在后续的加热等过程中会导致水蒸发损失,应注意补水。如果水量不足会导致食盐提前析出并通过过滤损失,但加水过多则会导致后续的过滤和浓缩时间延长,同时电能消耗也会增加,因此整个实验过程应一直维持 30 mL 左右的溶液体积。

2. 除去 SO_4^{2-}

溶解后的粗盐不需要先过滤泥沙,与本步实验产生的沉淀一同过滤即可。加入 $BaCl_2$ 生成 $BaSO_4$ 沉淀后,盖上表面皿(表面皿凸面向下,使冷凝后的水回到烧杯)保持溶液微沸 5 min,使细小颗粒的 $BaSO_4$ 沉淀长大,便于固体沉降和分离。

检验是否沉淀完全可待沉淀沉降后,在清液处滴加 $BaCl_2$ 观察,也可以取 2~3 滴混合液至离心试管中,离心分离后于上层清液中滴加 $BaCl_2$,观察是否有白色沉淀生成,但不要取液太多,以免影响产率。

本步沉淀后需过滤一次,如果与后续产生的 $BaCO_3$ 等沉淀一同过滤,由于 $BaSO_4$ 与 $BaCO_3$ 溶度积差距不大,根据溶度积规则,过量加入的 Na_2CO_3 会导致部分 $BaSO_4$ 转化为 $BaCO_3$,又会引入 SO_4^{2-} 杂质。

本步实验练习常压过滤操作,结合中学时所学的知识和实验教材中关于滤纸叠放、过滤操作的具体要求进行本步实验,注意"三低两靠"等操作细节。

滤纸折叠采用如图 1-21 所示的两折法,先对折,再二次对折,但二次对折先不要折出折痕,便于根据漏斗大小调整滤纸,使滤纸与漏斗贴合。打开滤纸时,一边为三层,一边为一层。玻璃棒引流时,将玻璃棒靠近三层滤纸位置,防止把单层滤纸戳破。为使滤纸与漏斗贴合更紧,可以采用"撕角"的操作,即把三层滤纸中贴近漏斗的一边(外层部分,为双层滤纸)撕去一角,如图 1-21(c)所示,使三层滤纸的内层(单层)紧贴漏斗,避免内层滤纸翘起。注意撕角的位置,不要在滤纸上撕出豁口。撕掉的小块滤纸不要随意丢弃,可以用来擦拭玻璃棒、烧杯等,尤其在重量分析中,擦过玻璃棒而沾有沉淀的小块滤纸应与其他滤纸合并灼烧,避免沉淀损失。

调整好滤纸在漏斗中的位置后,用蒸馏水润湿滤纸,使其紧贴漏斗内壁,在玻璃棒引流下过滤沉淀,收集滤液。

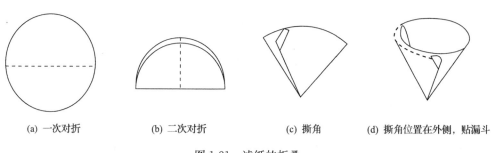

(a) 一次对折　　　(b) 二次对折　　　(c) 撕角　　　(d) 撕角位置在外侧，贴漏斗

图 1-21　滤纸的折叠

过滤完毕，用少量水洗涤沉淀，洗涤液也转入漏斗；滤纸和沉淀也可直接弃去（不洗涤沉淀，对制备产率无明显影响）。

可以通过水柱的形成加快过滤速度。水柱的形成应采用长颈漏斗，只要漏斗制作标准、滤纸叠放适宜，水柱一般会自然形成。若未形成水柱，可以手工制作：漏斗下端用手堵住，将滤纸小心提起，用洗瓶沿漏斗边缘慢慢注满水，再将滤纸小心放回，使滤纸与漏斗内壁贴合，松手后水柱形成。过滤完毕，水柱中溶液难以落下，可以提起滤纸释放漏斗颈中的溶液。如果漏斗制造不标准，手工制作也难以形成水柱，可不必强求。

判断是否因溶液量过少而导致 NaCl 晶体提前析出，可观察沉淀中是否有细颗粒状物质（$BaSO_4$ 沉淀颗粒极细，似石灰粉感觉，而 NaCl 颗粒感较强，其颗粒大小可参考食用精盐），若有细颗粒状物质，证明 NaCl 析出，可加少量水溶解后过滤。

3. 除去 Ca^{2+}、Mg^{2+} 和过量的 Ba^{2+}

上步过量加入的 $BaCl_2$ 在本过程中除去。煮沸溶液加入沉淀剂，NaOH 和 Na_2CO_3 过量加入，调整溶液 pH 在 11 左右，可以保证杂质离子沉淀完全。煮沸、静置、检验的要求与上步实验相同。

再次进行常压过滤，保留滤液。

4. 调溶液 pH 除去 CO_3^{2-}

由于第三步加入的沉淀剂过量，本步需在滤液中加入盐酸将滤液 pH 调节至 $3\sim 4$（使过量 Na_2CO_3 完全转化为 H_2CO_3），加热除去二氧化碳。

5. 浓缩与结晶

将调整后的溶液转移至平底带柄的蒸发皿，在电炉上加热蒸发，浓缩至溶液明显变稠（观察有大量晶体生成，表面有晶膜产生）时停止加热，注意蒸发皿底部尚有余热，若溶液剩余过少，余热会将溶液蒸干，使可溶性的钾盐留在提纯后的 NaCl 中。

浓缩至溶液量较少时，要注意降低电炉温度并不断搅拌，否则会因局部过热而导致晶体迸溅，造成损失。加热结束，从电炉上取下的蒸发皿最好放在石棉网上，直接

内$(NH_4)_2S_2O_8$ 浓度变化值 Δc,$\Delta c/\Delta t$ 即为平均反应速率。在考察$(NH_4)_2S_2O_8$ 浓度影响时,其他条件保持不变,变量只有$(NH_4)_2S_2O_8$ 浓度,因此速率公式 $v = kc_{S_2O_8^{2-}}^m c_{I^-}^n$ 可简化为 $v = k'c_{S_2O_8^{2-}}^m$,两边取对数:

$$\lg v = m\lg c_{S_2O_8^{2-}} + \lg k'$$

以 $\lg v$ 对 $\lg c_{S_2O_8^{2-}}$ 作图即可得到 m 值。

同样处理,考察 KI 影响时,可以得到 n 值。

画图时可使用作图纸,但建议使用更为简便、准确的计算机作图法,方法可参照本书实验 31(邻二氮菲吸光光度法测定铁)。

四、问题与讨论

(1) 本实验所用 KI 和过硫酸铵溶液都易变质,如何简单判断溶液是否已变质?

碘化钾还原性较强,若碘化钾溶液呈黄色,说明已有 I^- 被氧化成 I_2。过硫酸铵易分解为硫酸铵、三氧化硫和氧气,如果其溶液 pH 小于 3,说明过硫酸铵已经发生明显分解。这两种物质溶液都不稳定,最好实验前临时配制。

(2) 反应速率以溶液刚出现蓝色的时间来计算,是不是出现蓝色就意味着反应终止了?

不是。溶液出现蓝色只是意味着硫代硫酸钠已经反应完,但过硫酸铵氧化碘化钾的反应还会继续。

(王金刚编写)

实验 7 电离平衡与沉淀平衡

一、预习提要

化学平衡是无机化学课程中的重要内容,包含酸碱平衡、沉淀溶解平衡、配位平衡以及氧化还原反应,本实验的内容主要涉及酸碱平衡以及沉淀溶解平衡,通过对这些实验的学习,可以使理论与实验相互印证,巩固所学的理论知识。

本实验涉及电离、水解、同离子效应以及沉淀的生成、溶解、转化、分步沉淀等内容,同学们在进行本实验之前应复习电离平衡与沉淀平衡的相关知识,会用相关理论知识解释本实验所出现的现象。

进行本实验之前,请认真预习相关内容,完成以下问题:

(1) 检测纯水、NaCl 溶液等中性溶液时,实测 pH 与理论值往往有一定差距,为什么?

(2) 加热 NaAc 溶液时,为避免喷射伤人,应掌握哪些原则?

（3）用试管进行性质实验，在保证效果的前提下，试剂用量方面应掌握什么原则？

（4）进行缓冲溶液性质的实验时，如何实现 0.1 mL 溶液的取用？

（5）ZnS 与 CuS 沉淀分别可用 HCl 和 HNO₃ 溶解的机理是什么？

（6）观察盐效应的作用时，试剂用量上有什么要求？

二、实 验 指 导

1. 同离子效应

（1）试管中加入 1 mL 0.1 mol·L^{-1} 氨水和 1 滴酚酞，再分别加入少量 NH_4Ac 或 NH_4Cl 固体，观察加入前后溶液颜色的变化。

由于加入的电解质完全电离后产生同离子效应，导致氨水的水解程度降低，溶液颜色会发生显著变化。实验中控制好溶液及固体加入量，观察到现象即可。

（2）用 HAc 代替氨水进行反应，反应原理类似。

2. 盐类的水解和影响盐类水解的因素

（1）用 pH 试纸测定 0.1 mol·L^{-1} 的 NaCl、NH_4Cl、NaAc、Na_2HPO_4 溶液的 pH。

本实验实际测定的结果往往与理论值有一定差距，这是由于水中或多或少会溶入少量酸性气体，如二氧化碳，导致 pH 偏低。

（2）观察 NaAc 溶液与酚酞反应的颜色，加热后再比较。

与上述原因类似，酚酞在 NaAc 溶液中变色不明显，溶液加热后颜色变化的原因可参考本书实验 1 中的相关内容。

本实验涉及酒精灯加热试管中溶液的操作，注意防止溶液喷射伤人，其要求复习本书实验 1 中的相关内容。

（3）水溶解 $SnCl_2$ 固体，再加盐酸，观察现象。

$SnCl_2$ 属易水解物质，且其水解产物在酸中溶解较为困难，因此配制 $SnCl_2$ 溶液需在酸性环境下进行，再稀释成所需浓度。$SnCl_2$ 水解反应如下：

$$SnCl_2 + H_2O \Longrightarrow Sn(OH)Cl \downarrow + HCl$$

3. 缓冲溶液的配制与性质

本实验主要学习缓冲溶液的配制以及了解缓冲溶液的性质，实验较为简单，按照要求完成即可，酸度计的使用可参考本书实验 11（乙酸电离常数的测定）。

4. 沉淀的生成与溶解

沉淀的生成与溶解所依据的原则是溶度积规则，当相关离子浓度（物质的量浓度)幂乘积大于溶度积时就有沉淀生成,当相关离子浓度幂乘积小于溶度积时就会发生沉淀溶解。根据溶度积原理,要使沉淀溶解,只需将沉淀电离出的一种或两种离子浓度降低即可,如发生中和、弱酸碱生成、配合物生成等反应;若这些方式不足以使沉淀溶解,也可以采用氧化还原的方式完成。

(1) $(NH_4)_2C_2O_4$ 与 $CaCl_2$ 反应得到沉淀后,分别加适量 HAc 和盐酸,观察沉淀是否溶解。

本实验所得 CaC_2O_4 沉淀在水溶液中发生反应如下:

$$CaC_2O_4 == Ca^{2+} + C_2O_4^{2-}$$

加入的酸提供足够的 H^+ 时,会使 $C_2O_4^{2-}$ 与 H^+ 结合生成 $HC_2O_4^-$ 以及 $H_2C_2O_4$,消耗 $C_2O_4^{2-}$,使 Ca^{2+} 与 $C_2O_4^{2-}$ 浓度的乘积小于 CaC_2O_4 的溶度积,因而沉淀发生溶解。当加入弱酸时,弱酸电离产生的 H^+ 不足以有效消耗 $C_2O_4^{2-}$,沉淀无法溶解。

(2) $MgSO_4$ 与氨水反应后,加入 NH_4Cl,观察沉淀是否溶解。

本实验产生的 $Mg(OH)_2$ 电离产生 Mg^{2+} 以及 OH^-,加入足够的酸使其与 OH^- 结合生成 H_2O 即可发生沉淀的溶解。

(3) $ZnSO_4$ 以及 $CuSO_4$ 与 Na_2S 反应后,依次加入盐酸和硝酸,观察沉淀的溶解情况。

$ZnSO_4$ 以及 $CuSO_4$ 与 Na_2S 反应后分别得到溶解度较大的 ZnS 和溶解度很小的 CuS。当加入盐酸时,ZnS 电离产生的 S^{2-} 浓度较大,足以生成 H_2S 而导致 ZnS 溶解;而 CuS 溶解度极小,加入盐酸时不足以有效消耗 S^{2-},因而 CuS 不能溶解于盐酸中。分离后的 CuS 中加入 HNO_3,由于发生氧化还原反应而使 CuS 发生溶解,同学们可自行完成反应式的书写。

(4) $Pb(Ac)_2$ 与 KI 反应后,加入 $NaNO_3$ 晶体,观察实验现象。

本实验是检验盐效应对沉淀溶解度的影响,由于盐效应的效果不像酸碱反应和配位反应那样明显,本实验要控制好沉淀的生成量,否则不易观察到沉淀的溶解。

5. 分步沉淀

(1) $AgNO_3$ 与 $Pb(NO_3)_2$ 的混合液中逐滴加入 K_2CrO_4 溶液并振荡,观察沉淀的生成。

分步沉淀的原理依然是溶度积规则,CrO_4^{2-} 与 Ag^+ 以及 Pb^{2+} 都可以反应生成沉淀,当逐滴加入沉淀剂,哪种物质首先满足离子浓度乘积大于溶度积的原则就先生成哪种沉淀。实验应使用浓度较小的沉淀剂,同时要逐滴加入,每加入一滴即振荡,沉淀剂浓度过大或加入过快都有可能使两种物质同时满足沉淀条件,观察不到分步沉淀的情况。

(2) Na_2S 与 K_2CrO_4 的混合液中滴加 $Pb(NO_3)_2$,其原理和注意事项参考 5(1) 的实验。

6. 沉淀的转化

沉淀转化的依据同样是溶度积规则,同学们可结合溶度积规则理解实验原理。本实验涉及离心机的使用以及沉淀的离心分离和洗涤操作,事先复习本书实验1(仪器认领与简单操作训练)中的相关内容,完成本实验并解释现象。

三、实验记录和报告

实验记录参考本书实验1的要求。

实验报告可参考实验教材第4页性质实验报告格式,实验3部分直接引用实验教材上表格即可。

四、问题与讨论

(1) 溶度积小的物质,其溶解度一定小吗?

不是,只有晶体构型相同的晶体(如同为 A_2B 型晶体)才能直接通过比较溶度积的大小判断溶解度大小,不同晶体构型的物质要通过溶度积定义式计算溶解度。

(2) 沉淀的转化是不是只能由溶解度大的向溶解度小的转化?

不是,沉淀能否实现转化主要看能否满足溶度积条件,当加入沉淀剂浓度足够大时,其与待沉淀离子浓度之积大于溶度积就能实现沉淀转化。溶解度小的向溶解度大的转化,其条件要求更高。

(王金刚编写)

实验 8　氧化还原反应与电化学

一、预 习 提 要

进行本实验之前,请认真预习实验教材,完成以下问题:

(1) 请写出能斯特方程,并讨论氧化还原电极电势的高低与什么因素有关。

(2) 如何判断氧化剂和还原剂的强弱及氧化还原反应进行的方向?

(3) 酸度对 $KMnO_4$ 的氧化性有何影响?

(4) 设计实验记录的填写表格,并预测实验现象。

二、实 验 指 导

1. 电极电势与氧化还原反应的方向

(1) 将锌片分别加入 $Pb(NO_3)_2$ 溶液和 $CuSO_4$ 溶液中,观察能否发生反应。观察实验现象时既要注意锌片表面的变化,又要注意溶液颜色的变化。根据实验结果可知氧化还原反应进行的方向,进而判断氧化剂和还原剂的强弱。Zn、Pb、Cu 的还原能力越强,其相应电对的电极电势越低。

提醒:锌片要打磨干净,去掉致密的氧化层,这有利于反应进行。

(2) 将 KI 溶液和 $FeCl_3$ 溶液充分反应,然后注入 CCl_4 振荡,观察 CCl_4 层颜色。如果颜色变化意味 I^- 能够与 Fe^{3+} 发生反应,生成 I_2 单质。

将 KBr 溶液代替 KI 溶液进行同样的实验,观察 CCl_4 层颜色。如果颜色变化意味 Br^- 能够与 Fe^{3+} 发生反应,生成 Br_2 单质。

通过本实验,同学们可以判断还原剂 I^- 和 Br^- 还原能力的相对强弱。

提醒: CCl_4 是一种无色液体,能溶解脂肪、油漆等多种物质,易挥发、不易燃烧。在常温常压下密度 $1.595\ g\cdot cm^{-3}$,与水互不相溶。CCl_4 加入水中能与水分层,CCl_4 层在下,水层在上。

(3) 分别用碘水和溴水同 $FeSO_4$ 溶液反应,观察 CCl_4 层颜色有无变化。如果颜色变化分别意味 I_2 能够与 Fe^{2+} 发生反应,生成 I^-;Br_2 单质能够与 Fe^{2+} 发生反应,生成 Br^-。

根据实验结果,比较 Br_2/Br^-、I_2/I^-、Fe^{3+}/Fe^{2+} 三个电对的氧化还原能力,指出哪种物质是最强的氧化剂,哪种物质是最强的还原剂。此结果可以与实验教材附录中列出的 Br_2/Br^-、I_2/I^-、Fe^{3+}/Fe^{2+} 三个电对的电极电势数值进行比较,说明电极电势高低与氧化还原反应方向的关系。

提醒:氧化还原能力可用电对的电极电势的相对高低来衡量。若电对的电极电势代数值越大,则其氧化态的氧化能力越强,还原态的还原能力越弱,反之亦然。

2. 浓度和酸度对电极电势的影响

(1) 本实验说明配位反应影响离子浓度,进而影响电极电势,由于加入的氨水浓度未知,只能定性说明配位反应的影响,试分别进行分析。

(2) 这个实验体系构成了一个原电池,其中正极为铁片,负极为碳棒,两个烧杯中分别为 $FeSO_4$ 和 $K_2Cr_2O_7$ 溶液。原电池正极发生氧化反应,负极发生还原反应。请同学们注意在负极反应中 H^+ 参与氧化还原反应,只含有 $K_2Cr_2O_7$ 的溶液中 H^+ 的浓度可按 $1.0\times10^{-7}\ mol\cdot L^{-1}$ 计算,加入 $1.0\ mol\cdot L^{-1}$ 的 H_2SO_4 后溶液中 H^+ 的浓度逐步增加,再逐滴加入 $6.0\ mol\cdot L^{-1}$ 的 NaOH 后溶液中 H^+ 的浓度逐步减少直至低于 $1.0\times10^{-7}\ mol\cdot L^{-1}$。

提醒:注意伏特计的正负极。伏特计的读数为两极之间的电势差,也就是正极电势减去负极电势。

3. 浓度和酸度对氧化还原反应方向的影响

本实验将 $NH_4Fe(SO_4)_2$ 溶液与 KI 溶液充分反应,然后注入 CCl_4 振荡,观察

CCl_4 层颜色。如果 CCl_4 层的颜色变化,意味 I^- 能够与 Fe^{3+} 发生反应,生成 I_2 单质。

向 $NH_4Fe(SO_4)_2$ 与 KI 的混合溶液中加入 NH_4F 溶液,会生成配离子 $[FeF_6]^{3-}$,溶液中 Fe^{3+} 的浓度因此降低,进而影响氧化还原反应的进行。

提醒: $NH_4Fe(SO_4)_2$ 是一种复盐,1 mol $NH_4Fe(SO_4)_2$ 可以完全解离出 1 mol Fe^{3+}。

4. 浓度和酸度对氧化还原反应产物的影响

本实验考察在不同介质中 Na_2SO_3 溶液与 $KMnO_4$ 溶液的反应。酸性介质、中性介质以及碱性介质中 MnO_4^- 的氧化还原电势不同,导致氧化还原能力有区别,其还原产物也不相同。

5. 某些因素对氧化还原反应速率的影响

(1) 本实验考察的是 $Pb(NO_3)_2$ 与单质 Zn 的反应,主要研究 Pb^{2+} 的浓度对此氧化还原反应速率的影响。

提醒: 氧化还原反应速率的影响因素主要是温度、浓度和催化剂。

(2) 本实验考察的是 KBr 与 $KMnO_4$ 溶液的反应,主要研究不同的氢离子浓度对反应速率的影响。同学们要注意 H_2SO_4 是强电解质,HAc 是弱电解质,因此试管 1 中的氢离子浓度比试管 2 中的氢离子浓度要大,同学们可以从这个角度分析实验现象。

(3) 本实验考察的是 $H_2C_2O_4$ 溶液与 $KMnO_4$ 溶液的反应,主要研究催化剂对此氧化还原反应速率的影响。$MnSO_4$ 和 NH_4F 哪个具有催化作用,同学们分析实验现象时可以从这个角度进行。

三、实验记录和报告

1. 实验记录

实验记录参考格式(部分内容)如下:

序号	实验内容	实验现象
2	KI+$FeCl_3$ 摇匀后+CCl_4	淡黄色溶液变成浅绿色,底部有蓝紫色固体析出。加入 CCl_4 振荡,液体分层,上层为浅黄色溶液,下层是蓝紫色液体
3	KBr+$FeCl_3$ 摇匀后+CCl_4	上层为浅黄色溶液,下层为无色溶液

2. 实验报告

实验报告的内容部分建议采用表格的形式,参考格式如下:

序号	实验内容	实验现象	原因及解释

四、问题与讨论

(1) 为什么重铬酸钾可以氧化浓盐酸中的氯离子,而不能氧化稀盐酸中的氯离子?

$$Cl_2 + 2e^{\ominus} === 2Cl^{\ominus} \quad \varphi^{\ominus}(Cl_2/Cl^-) = 1.358 \text{ V}$$

$$Cr_2O_7^{2-} + 6e^{\ominus} + 14H^+ === 2Cr^{3+} + 7H_2O \quad \varphi^{\ominus}(Cr_2O_7^{2-}/Cr^{3+}) = 1.23 \text{ V}$$

显然重铬酸钾不能氧化 $1 \text{ mol} \cdot L^{-1}$ 的盐酸。

如果用浓盐酸,可用能斯特方程计算:

$$\varphi(Cl_2/Cl^-) = \varphi^{\ominus}(Cl_2/Cl^-) + \frac{0.0592 \text{ V}}{2} \lg \frac{[Cl_2]}{[Cl^-]^2}$$

由于氯离子浓度增大,$\varphi(Cl_2/Cl^-)$ 下降。

$$\varphi(Cr_2O_7^{2-}/Cr^{3+}) = \varphi^{\ominus}(Cr_2O_7^{2-}/Cr^{3+}) + \frac{0.0592 \text{ V}}{6} \lg \frac{[Cr_2O_7^{2-}][H^+]^{14}}{[Cr^{3+}]^2}$$

由于氢离子浓度增大,而 $\varphi(Cr_2O_7^{2-}/Cr^{3+})$ 显著升高,使得 $\varphi(Cr_2O_7^{2-}/Cr^{3+}) > \varphi(Cl_2/Cl^-)$,因此 $K_2Cr_2O_7$ 能氧化浓盐酸中的氯离子。

如果是中性氯化钠浓溶液,虽然 $\varphi(Cl_2/Cl^-)$ 下降,但 $\varphi(Cr_2O_7^{2-}/Cr^{3+})$ 因 H^+ 浓度下降而显著下降,因而 $Cr_2O_7^{2-}$ 不能氧化氯离子。

(2) 如何判断氧化剂和还原剂的强弱及氧化还原反应进行的方向?

标准电极电势的大小反映物质得失电子的能力,可以用于判断标准状态下氧化剂和还原剂氧化还原能力的相对强弱。若电对处于非标准状态下,应根据能斯特方程计算出电极电势,然后利用该值的大小判断物质氧化还原能力的相对强弱。

在氧化还原反应中,较强的氧化剂与较强的还原剂反应生成弱氧化剂和弱还原剂,根据有关电对的电势可以判断反应进行的方向。

(朱沛华编写)

实验 9　配合物的生成与性质

一、预 习 提 要

简单金属离子通过配位反应形成配合物后,往往在颜色、溶解度等物理性质和氧化还原性方面都会有较大的变化。通过本实验可以了解配合物的组成与结构,认识配合物和简单金属离子性质不同的原因。通过配合物之间的相互转化了解影响配合物稳定性的因素,并能够利用常见的配位反应来进行混合离子的鉴定分离。

进行本实验之前,请认真预习实验教材,完成以下问题:

(1) AgCl 为什么能够溶解于氨水? 写出相关化学方程式。

(2) 配合物的稳定性与哪些因素有关?

(3) 配合物内界的反应活性为何会降低?

(4) 氧化性金属离子形成配合物后其氧化能力如何变化? 为什么?

二、实 验 指 导

为了顺利完成本实验,要求同学们在实验前充分做好预习,掌握相关理论知识,了解每个实验的原理并预估实验现象与结果,以保证实验顺利完成。

1. 配离子与简单离子的性质比较

(1) $CuSO_4$ 与少量氨水反应,生成 $Cu_2(OH)_2SO_4$ 沉淀,当氨水量足够大时,才生成 $[Cu(NH_3)_4]^{2+}$,相应的反应如下:

$$2Cu^{2+} + SO_4^{2-} + 2NH_3 \cdot H_2O =\!=\!= Cu_2(OH)_2SO_4 \downarrow + 2NH_4^+$$

$$Cu_2(OH)_2SO_4 + 8NH_3 =\!=\!= 2[Cu(NH_3)_4]^{2+} + SO_4^{2-} + 2OH^-$$

强调: *所得溶液保留,2(1)实验可用。*

(2) 引导学生自主选择合适的反应物和反应物浓度。

向 $0.5\ mL\ 0.1\ mol \cdot L^{-1}\ AgNO_3$ 溶液中逐滴加入 $0.1\ mol \cdot L^{-1}$ 的 NaCl 溶液至沉淀完全,再逐滴加入 $6\ mol \cdot L^{-1}$ 氨水,直至完全溶解。

$$Ag^+ + Cl^- =\!=\!= AgCl \downarrow$$

$$AgCl + 2NH_3 =\!=\!= [Ag(NH_3)_2]^+ + Cl^-$$

(3) Hg^{2+} 可氧化 Sn^{2+}。

$$2Hg^{2+} + Sn^{2+} + 2Cl^- =\!=\!= Sn^{4+} + Hg_2Cl_2 \downarrow (白)$$

$$Hg_2Cl_2 + Sn^{2+} =\!=\!= 2Hg \downarrow (黑) + Sn^{4+} + 2Cl^-$$

此反应可用来检验 Hg^{2+} 和 Sn^{2+}。

Hg^{2+} 不能氧化 I^-，两者反应生成 HgI_2 橘红色沉淀，I^- 过量时，生成无色 $[HgI_4]^{2-}$ 配离子。

$$Hg^{2+} + 2I^- \Longrightarrow HgI_2 \downarrow (橘红)$$

$$HgI_2 + 2I^- \Longrightarrow [HgI_4]^{2-}$$

因为 $\varphi^{\ominus}([HgI_4]^{2-}/Hg) < \varphi^{\ominus}(Hg^{2+}/Hg)$，所以 $[HgI_4]^{2-}$ 不足以氧化 Sn^{2+}。

(4) $Fe^{3+} + 3OH^- \Longrightarrow Fe(OH)_3 \downarrow (棕色)$，$K_{sp} = 2.64 \times 10^{-39}$。

只要离子积 $Q > K_{sp}$，则平衡向右移动，生成沉淀。

$$[Fe(CN)_6]^{3-} \Longrightarrow Fe^{3+} + 6CN^- \quad K_f = 1 \times 10^{42}$$

$$[Fe(CN)_6]^{3-} + 3OH^- \Longrightarrow Fe(OH)_3 \downarrow + 6CN^-$$

$$K = 1/(K_{sp} K_f) = 3.8 \times 10^{-4}$$

反应正向进行生成沉淀的可能性很小。配合物的颜色、溶解度和氧化还原性与简单离子有较大差别。

2. 配合物的组成

(1) 证明 Cu^{2+} 在内界选 $2.0\ mol \cdot L^{-1}$ NaOH，证明 SO_4^{2-} 在外界选 $0.1\ mol \cdot L^{-1}$ $BaCl_2$。

不选 Na_2S 的理由：可生成 CuS 沉淀。

(2) 5 滴 $0.1\ mol \cdot L^{-1}$ $FeCl_3$ + 5 滴 $0.1\ mol \cdot L^{-1}$ 磺基水杨酸（H_2sal）混合溶液为弱酸性，生成配合物为红色 $[Fe(sal)_2(H_2O)_2]^-$；减小溶液的 pH，溶液变为紫红色 $[Fe(sal)(H_2O)_4]^+$。

(3) $[Co(H_2O)_6]^{2+} + 4Cl^- \Longrightarrow [Co(H_2O)_2Cl_4]^{2+} + 4H_2O$

3. 离子的解离及稳定性比较

(1) 此实验相对简单，强调控制生成沉淀的量，否则会浪费大量试剂。

$$K_f\{[Ag(NH_3)_2]^+\} = 1.12 \times 10^7, \quad K_f\{[Ag(S_2O_3)_2]^{3-}\} = 2.89 \times 10^{13}$$

$$K_{sp}(AgCl) = 1.77 \times 10^{-10}, \quad K_{sp}(AgBr) = 5.35 \times 10^{-13},$$

$$K_{sp}(AgI) = 8.51 \times 10^{-17}$$

$AgCl + 2NH_3 \Longrightarrow [Ag(NH_3)_2]^+ + Cl^-$，$K = K_{sp} K_f = 2 \times 10^{-3}$，能进行，但反应不完全，应加大氨水的浓度。

$[Ag(NH_3)_2]^+ + Br^- \Longrightarrow AgBr \downarrow + 2NH_3$，$K = 1/(K_{sp} K_f) = 1.7 \times 10^5$，反应倾向大。

$AgBr + 2S_2O_3^{2-} \Longrightarrow [Ag(S_2O_3)_2]^{3-} + Br^-$，$K = 15$，能进行，但反应不完全，应加大 $S_2O_3^{2-}$ 浓度。

$[Ag(S_2O_3)_2]^{3-} + I^- \Longrightarrow AgI \downarrow + 2S_2O_3^{2-}$，$K = 400$，反应倾向大。

(2) Fe^{3+} 与 SCN^- 可生成血红色 $[Fe(NCS)_n]^{3-n}$，加入 F^- 变为无色 $[FeF_6]^{3-}$。

4. 利用配合反应分离鉴定金属离子

(1) Ni^{2+}、Co^{2+}、Zn^{2+} 参考方法：

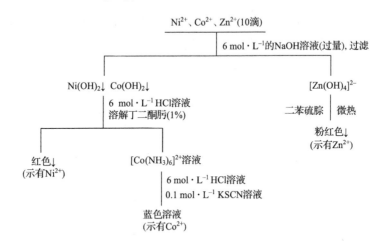

(2) Ag^+、Cu^{2+}、Al^{3+} 参考方法：

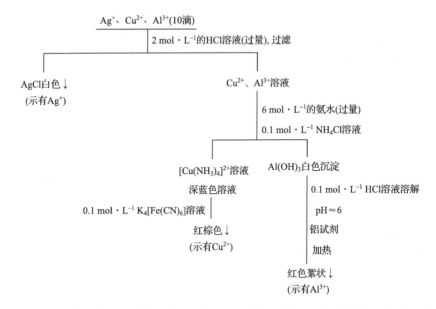

提醒：一般来说在性质实验中，生成沉淀的步骤中，沉淀量要少，即刚观察到沉淀生成就可以；使沉淀溶解的步骤，加入试液越少越好，即使沉淀恰好溶解为宜。因此，溶液必须逐滴加入，且边滴边摇，若试管中溶液量太多，可在生成沉淀后，离心沉降弃去清液，再继续实验。

三、实验记录和报告

1. 实验记录

本实验重点在于记录实验过程中的现象,实验过程可采用线图的方式记录。

2. 实验报告

实验报告的格式主要参考本教材实验 1 所示的表格形式,离子分离鉴定部分可使用本实验指导部分的图表形式。

四、问题与讨论

(1) 实验中有哪些因素能使配位平衡发生移动?

浓度、温度、沉淀剂和其他配位剂的加入等可使配位平衡发生移动。

(2) SO_4^{2-}、Cl^- 都是无色的,为什么 $CuSO_4$、$CuCl_2$ 的浓溶液的颜色略有差别?

$CuSO_4$ 浓溶液中 Cu^{2+} 以 $[Cu(H_2O)_4]^{2+}$ 形式存在,显蓝色,而 $CuCl_2$ 浓溶液中 Cu^{2+} 主要以 $[CuCl_4]^{2-}$ 形式存在,显绿色。

(3) 要使本实验 3(1)中生成的 AgI 再溶解可用什么配位剂? 用 $K_稳$ 和 K_{sp} 数据说明之。

可用 KCN,$K_f\left\{[Ag(CN)_2]^-\right\} = 2.48 \times 10^{20}$。

$$AgI + 2CN^- \Longrightarrow [Ag(CN)_2]^- + I^-$$

$$K = K_{sp}K_f = 8.51 \times 10^{-17} \times 2.48 \times 10^{20} = 2.1 \times 10^4$$

反应倾向大,即可加入 KCN 溶解 AgI。

(徐波编写)

实验 10　摩尔气体常量的测定

一、预 习 提 要

进行本实验之前,请认真预习实验教材,完成以下问题:

(1) 写出理想气体状态方程式及分压定律。

(2) 分析本实验中可能引起误差的因素有哪些?

(3) 读数时,为何要使量气筒与漏斗中的水面保持同一水平?

(4) 如何检查实验装置是否漏气? 原理是什么?

(5) 实验测得的摩尔气体常量应有几位有效数字?

二、实 验 指 导

1. 镁条的称取

仔细擦去镁条表面氧化膜,致密氧化膜的存在可能阻止反应的进行,同时也会给测量带来误差。

用分析天平准确称量 0.020~0.025 g 镁条,记录时应注意有效数字为四位。

2. 装配仪器

按图 1-24 所示装配好仪器,移动铁圈使漏斗的锥顶刚好与量气管的零刻度线对齐。

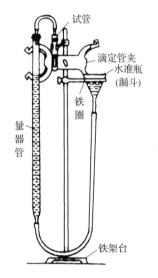

图 1-24　摩尔气体常量测定装置

3. 检查仪器的气密性

通过漏斗向量气管中装水,至水面略低于刻度"0"。上下移动漏斗 3~5 次,以除去附着在量气管和橡皮管内壁的气泡,此操作的目的是避免气泡带来的偶然误差。

本实验成败的关键在于仪器装置是否漏气。具体操作是,将漏斗往下移动一段距离,并固定在某一位置上,如果量气管内的水面只在开始时略有下降,随后维持不变,说明装置不漏气。如果液面一直下降,表明仪器装置是漏气的。需检查各接口处是否严密,直至装置不漏气为止。

提醒: 本实验装入仪器中的水应该是在室温放置一天以上,不能直接用自来水,以防溶于自来水中的小气泡附着在管壁上,无法排除。

4. 添加反应物

取下试管,用一长颈漏斗将硫酸小心注入试管中,切勿使酸沾污试管上壁,稍稍倾斜试管,将用水润湿过的镁条贴在试管上部,确保镁条不与酸接触。装好试管,把橡皮塞塞紧,再检查一次装置是否漏气。

提醒: 注意硫酸过量。

5. 制备气体

移动漏斗使与量气管的液面保持在同一水平面上,记下量气管内液面的位置。注意记录数据的有效数字为四位。

　　将试管底部略微抬高,使管内的硫酸与镁条接触,产生的氢气进入量气管中,为了避免量气管内的压力太大,当管内水面下降时,漏斗也跟着向下移动使量气管和漏斗中的水面大体保持在同一水平面。

　　反应完毕,使漏斗与量气管的液面保持在同一水平面上,记下液面位置,记录数据的有效数字为四位。等 $1\sim2$ min,再记录一次液面位置,重复这一操作,直至前后两次记录的液面位置相差不超过 0.1 mL,表明管内氢气的温度已与室温一致,液面位置读数可用于室温下氢气的物质的量的计算。记下室温和大气压。

　　提醒:读数时两边液面相平,同时冷却至室温。

　　用另一片镁条重复上述操作。

三、实验记录和报告

1. 实验记录

　　学生在实验过程中要养成如实记录和使用实验记录的习惯,实验记录应简洁,一些过程实验可采用线图的方式,实验记录参考格式(部分内容)如下:

记录项目	数据 I	数据 II
镁条质量/g		
反应前量气管液面位置 V_1/mL		
反应后量气管液面位置 V_2/mL		
氢气体积 V/mL		
温度 T/K		
大气压 p/Pa		

2. 实验报告

　　实验报告在实验教材中有相应的参考模板,本实验采用图标方式显得较为简洁,应避免全篇的文字描述,报告参考格式(部分内容)如下:

记录项目	数据 I	数据 II
镁条质量/g		
反应前量气管液面位置 V_1/mL		
反应后量气管液面位置 V_2/mL		
氢气体积 V/mL		
温度 T/K		
大气压 p/Pa		

记录项目	数据 I	数据 II
实验温度(室温)下水的饱和蒸气压/Pa		
氢气物质的量/mol		
镁的相对原子质量(计算值)		
百分比误差		
摩尔气体常量(计算值)		
百分比误差		

四、问题与讨论

（1）反应过程中，如果由量气管压向漏斗的水过多而溢出，对实验结果有无影响？

量气管压向漏斗的水过多而溢出，对实验结果无影响。

（2）本实验装置所测得的数据也可以作为测定阿伏伽德罗常量的方法。试根据在标准状态下：$V_0 = 2.241 \times 10^{-2}$ m^3 · mol^{-1}，氢气的密度为 0.089 g · dm^{-3}，若每个氢分子的质量为 3.34×10^{-24} g，计算阿伏伽德罗常量 N_A。

$$N_A = \frac{2.24 \text{ dm}^3 \cdot \text{mol}^{-1} \times 0.089 \text{ g} \cdot \text{dm}^{-3} \times 1000}{3.34 \times 10^{-24} \text{ g}} = 6.0 \times 10^{23}$$

（3）分析本实验中可能引起误差的因素有哪些？

量气管及胶管内的气泡没有赶净；镁条表面还有氧化膜没擦净；装置漏气；读数误差；开始收集氢气前，贴在试管壁上的镁条与稀酸有了接触。

（朱沛华编写）

实验 11　乙酸电离常数的测定

一、预习提要

本实验主要练习酸度计的使用，同时继续训练溶液的配制和酸碱滴定操作。通过认真阅读实验教材，完成以下预习题目：

（1）本实验的两项主要工作是什么？

（2）由标定好的 HAc 溶液得到其他浓度的几个溶液时应如何取液与定容？

（3）用于测定 pH 的烧杯有什么要求，可怎样处理？

（4）测定 pH 时，溶液在烧杯中的高度有什么要求？ 如何使溶液尽快达到平衡？

（5）pH 测定的顺序有什么要求？ 为什么？

（6）取不同浓度的溶液测定 pH 时,其体积是否需要准确量取?

二、实验指导

本实验的主要工作有两个:一是粗略配制一定浓度的 HAc 溶液并用 NaOH 标准溶液滴定,计算其准确浓度;二是将此溶液稀释成其他浓度的溶液,测定不同浓度的 HAc 所对应的 pH。

1. HAc 溶液的配制与标定

实验室提供的乙酸一般为冰醋酸(浓度近似为 17 mol·L^{-1})或 36% 的乙酸(浓度近似为 6.3 mol·L^{-1}),可根据所提供的乙酸和配制要求取用试剂。乙酸为非基准试剂,量筒量取、烧杯定容即可,配好后及时转移至试剂瓶。

注意:乙酸具有较强的刺激性,不要靠近瓶口去闻或观察乙酸。

用标准 NaOH 溶液标定已配制并转移至试剂瓶的乙酸溶液,每次用移液管移取 HAc 溶液 25.00 mL,酚酞作指示剂,平行测定三次以上,根据滴定结果计算 HAc 浓度,保留四位有效数字。

注意:标准 NaOH 溶液直接转入碱式滴定管中,不能使用烧杯等容器中转。及时记录 NaOH 标准溶液的浓度。

2. 配制不同浓度的 HAc 溶液并测定 pH

取不同体积的上述溶液配制不同浓度的 HAc 溶液,由于需要准确计算不同溶液的浓度,因此必须用移液管(单刻度移液管或吸量管)一次准确移取相应体积,直接转移至 50 mL 容量瓶中,加水定容并摇匀。容量瓶应当编号,避免弄混。

注意:移取溶液时,所选用吸量管的总体积应最接近于所取体积,以减小误差。例如,移取 3.00 mL 溶液,应选用总体积为 5.00 mL 的吸量管,而不应选择总体积为 10.00 mL 的吸量管。

思考:标定后的原始 HAc 溶液浓度为四位有效数字,取 2.50 mL 的 HAc 溶液转移至 50 mL 容量瓶并定容后,其浓度保留几位有效数字?

移液管移取体积的读数方法参考实验 2(溶液的配制)的"小贴士"部分。

3. 测定 HAc 溶液的 pH

将配制的不同浓度的溶液分别倒入小烧杯中测定溶液的 pH,溶液高度以没过复合电极玻璃泡为宜(一般为 3~4 cm)。与 50 mL 容量瓶一样,烧杯也要编号,以免弄混。烧杯使用前要求洗刷干净并干燥,避免将溶液稀释,如果不具备迅速干燥条件,也可以用少量待测定的 HAc 溶液润洗一下再使用。

酸度计在使用前应根据使用说明进行校准(通常实验室已事先完成此项工作),

然后用于酸度测定。测定顺序为由稀到浓,避免少量残留的浓溶液对后面测定产生影响,而由稀到浓测定时,稀溶液对浓溶液影响较小,不必再冲洗电极,用吸水纸擦干后即可使用。

进行第一个测量时,由于前一个同学可能刚完成测定,残留溶液浓度较高,必须用蒸馏水对电极进行冲洗,然后用吸水纸将电极(包括玻璃泡表面)擦干进行测定。测定时电极浸入溶液(电极头部不应接触烧杯底部),轻轻晃动烧杯,使溶液尽快达到平衡,待读数稳定后读取 pH。

注意:实验室准备的酸度计为多人共用,可适当调整实验顺序。如一组同学在配制完约 $0.2\ mol\cdot L^{-1}$ 的 HAc 溶液后,先用 NaOH 溶液滴定,确定其准确浓度,再进行后续的溶液稀释和 pH 测定;另一组同学则在配制完约 $0.2\ mol\cdot L^{-1}$ 的 HAc 溶液后,先用此溶液配制另外几个浓度的 HAc 溶液并测定各自的 pH,再进行初次所配制 HAc 溶液的标定。

三、实验记录和报告

实验记录与实验报告主要使用表格,其格式可参考实验教材中实验内容部分,实验记录可参考本书实验 4 中的实验记录要求做相应简化。

四、问题与讨论

(1) 移取不同体积溶液时,使用何种移液管更适宜?

移取溶液时,使用与移取体积相同的单刻度移液管(俗称大肚移液管)更为方便和准确。例如,本实验移取 25.00 mL HAc 溶液时,可使用 25 mL 的移液管。当没有合适的无分度移液管时,可使用总体积与待移取体积最接近的吸量管,如移取 2.50 mL HAc 溶液,最好使用 5 mL 吸量管,以减小读数误差。移液必须使用合适的移液管一次完成,不允许多次移取。

(2) 不同浓度的 HAc 溶液的电离度和电离常数是否相同? 温度对电离常数有何影响?

当温度一定时,不同浓度 HAc 溶液的电离常数相同,但电离度不同,溶液浓度越小,电离度越大。

温度对 HAc 的电离有较大影响,当温度提高时,其电离度和电离常数均增加,因此测定溶液 pH 时需同时记录溶液温度。

附:赛多利斯酸度计

酸度计种类很多,不同酸度计的使用方法有一定差异,这里只针对赛多利斯酸度计做简单的介绍。图 1-25 为赛多利斯酸度计,使用时电极置于升降台上,通过调节升降台使电极插入液面下,电极玻璃泡完全浸没于溶液中,但电极不得碰触烧杯底部。电极插入溶液后轻轻晃动烧杯,待屏幕上出现"S"时即可读数(具体校正等操作

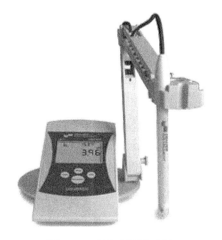

图 1-25　赛多利斯酸度计

可参阅使用说明书,校正工作一般由实验室事先完成,学生实验时可直接进行 pH 测定工作),记录 pH 和温度值。使用完毕,用蒸馏水冲洗电极,然后戴上塑料保护帽(内装 3 mol·L⁻¹ KCl 溶液),或者将电极浸泡于盛有 3 mol·L⁻¹ KCl 溶液的小烧杯中。

（王金刚编写）

实验 12　氯、溴、碘、氧、硫

一、预 习 提 要

进行本实验之前,请认真预习实验教材,完成以下问题:

(1) 以卤素单质(Cl_2、Br_2、I_2)为例说明如何利用氧化还原电极电势判断物质氧化还原能力的强弱。

(2) 卤素含氧酸的种类有哪些? 其氧化性及酸性如何?

(3) 利用电极电势说明,过氧化氢能与 KI 反应呈现氧化性,与 $KMnO_4$ 反应呈现还原性。

(4) 总结常见金属硫化物的颜色及溶解度。

(5) 设计实验记录的填写表格,并预测实验现象。

二、实 验 指 导

1. 单质的氧化性

将实验分为两组,一组是氯水和 KBr 溶液反应,一组是溴水和 KI 溶液反应。在每只试管中加入等量的 CCl_4,可以看到第一组试管 CCl_4 变为橙色,第二只试管 CCl_4

层变为紫色。由此可以判断 Cl_2、Br_2、I_2 的氧化性的相对强弱。

提醒: CCl_4 是一种无色液体,与水互不相溶。CCl_4 加入水中能与水分层,CCl_4 层在下,水层在上。

2. 卤化氢的还原性

本实验考察的是浓硫酸与 $NaCl$、$NaBr$、NaI 的反应,请注意浓硫酸不仅有酸性还具有氧化性,因此产物不仅是卤化氢,还可能有卤素单质。另外,淀粉碘化钾试纸、湿润的 pH 试纸和乙酸铅试纸分别检验的是卤素气体、气体酸碱性以及硫化物。

提醒: 固体用量为绿豆粒大小,实验在通风橱中进行。

3. 卤素含氧酸盐的性质

(1) 次氯酸钠的性质:这组实验主要考察次氯酸钠的强氧化性及漂白性。

(2) 氯酸钾的氧化性:氯酸钾具有较强的氧化性。氯酸根离子的氧化能力受到氢离子浓度所决定,在酸性条件下要比碱性条件下大得多。

4. Cl^-、Br^-、I^- 混合离子的分离和鉴定

(1) 通 Cl_2 于 Br^-、I^- 混合液中 CCl_4 层显紫红色,是由于生成碘单质。继续通入 Cl_2 则 CCl_4 层紫色褪去,是由于 Cl_2 将 I_2 氧化。CCl_4 层紫色褪去,并显棕黄色表示有溴单质生成。

(2) 实验设计可参照以下步骤:取 Cl^-、Br^-、I^- 混合液逐滴加入硝酸银,使离子全部被沉淀完全;得到的 $AgCl$、$AgBr$、AgI 沉淀中,加入氨水,充分搅拌、离心分离;取上层清液加入 $6\ mol \cdot L^{-1}$ 硝酸进行酸化,如有白色凝胶状沉淀生成。

(3) 上述沉淀为 $AgBr$、AgI。沉淀中加入 $3\ mol \cdot L^{-1} (NH_4)_2S$ 溶液,充分搅拌、离心分离。上层清液含有 Br^-、I^-、S^{2-},逐滴加入 $1\ mol \cdot L^{-1}$ 硝酸锌及 2 滴蒸馏水,温热水浴搅拌,沉淀生成后离心分离。上层清液含有 Br^-、I^-,用 $6\ mol \cdot L^{-1}\ H_2SO_4$ 酸化,加入 $5 \sim 6$ 滴 CCl_4,再滴加少量 $NaClO$,不断振荡,CCl_4 层显紫红色,表示有 I^-。继续滴加氯水,不断振荡,CCl_4 层紫色褪去,并显棕黄色表示有 Br^-。

5. 过氧化氢的性质与检验

(1) 这组实验主要考察过氧化氢的歧化反应、氧化性、还原性。

过氧化氢的歧化反应可以自发进行,但是反应速率较慢。在催化剂的作用下,反应速率加大。

过氧化氢中氧的氧化态居于 O_2 及 H_2O 中氧的氧化态之间,因此过氧化氢既可作氧化剂又可作还原剂。请同学们注意在酸性介质中过氧化氢的还原性很弱,只有强氧化剂才能将其氧化。碱性介质中过氧化氢显示一定的还原性。

(2) 此反应可以鉴定 H_2O_2,也可以鉴定 $Cr_2O_7^{2-}$。

6. 亚硫酸盐的性质与鉴定

（1）这组实验主要考察亚硫酸钠的氧化还原性。亚硫酸钠与强氧化剂反应具有还原性，与强还原剂反应具有氧化性。

（2）此反应是鉴定 SO_3^{2-} 离子的特征反应，请同学们注意观察现象，以便今后鉴定未知溶液。

7. 硫代硫酸盐的性质与鉴定

这组实验主要考察硫代硫酸钠的还原性质和配位性质。硫代硫酸钠是一种中等强度的还原剂，能定量地被 I_2 氧化为连四硫酸根，这是容量分析中碘量法的理论基础。如果遇到更强的氧化剂，反应产物则会发生变化，进一步被氧化为硫酸盐。

硫代硫酸钠中的硫原子及氧原子在一定条件下可与金属离子配位。

提醒： 亚硫酸钠放置于空气中时逐渐氧化为硫酸钠。

8. 过二硫酸盐的氧化性

此实验考察的是过二硫酸盐的氧化性，过二硫酸根具有较强的氧化性，可以将 Mn^{2+} 氧化为 MnO_4^-。但这个反应的速率较小，在催化剂的作用下进行的比较快。本实验中 $AgNO_3$ 起催化作用。

提醒： 比较有无银离子的反应速率如何变化。

9. ZnS、CdS、CuS、HgS 的制备

本实验首先进行 ZnS、CdS、CuS、HgS 的制备，制备方法是将相应的金属盐溶液与氢硫酸反应，分别得到不同颜色的沉淀。ZnS、CdS、CuS、HgS 这几种金属硫化物在水中均不溶解，加入 $1\ mol \cdot L^{-1}$ 盐酸、$6.0\ mol \cdot L^{-1}$ 盐酸、浓硝酸及王水后发生反应而溶解，分别利用了盐酸的酸性、浓硝酸的氧化性及王水的配位作用。

三、实验记录和报告

实验记录与实验报告的格式和要求可参考本教材实验 8（氧化还原反应与电化学）相关内容。对于实验中出现的设计部分建议采用流程图的方式书写，同时写出主要化学反应式。

四、问题与讨论

（1）总结常见金属硫化物的颜色及溶解度。

难溶型硫化物大多数为黑色或者棕褐色，ZnS 为白色，MnS 为浅粉色，CdS、SnS、As_2S_5 为黄色，Sb_2S_5 为黄色。

水溶性硫化物:碱金属、碱土金属的硫化物。

难溶于水,可溶于稀盐酸的金属硫化物:ZnS、MnS。

难溶于水,可溶于浓盐酸的金属硫化物:SnS、CdS、PbS。

难溶于水,难溶于浓盐酸,可溶于硝酸的金属硫化物:Ag_2S、CuS、As_2S_5、Sb_2S_5。

难溶于水,难溶于浓盐酸,难溶于硝酸,可溶于王水的金属硫化物:HgS。

(2) 总结与银离子生成沉淀及能溶解 AgX 的物质有哪些? 用 $AgNO_3$ 试剂检验卤素离子时,为什么要加少量硝酸?

因为要排除 SO_4^{2-} 离子的影响,Ag_2SO_4 也是沉淀但加酸溶解,所以要先加稀硝酸排除 SO_4^{2-} 离子的影响。

(3) 用有关电极电势说明少量 Mn^{2+} 是 H_2O_2 分解反应的催化剂。

$$H_2O_2 + 2H^+ + 2e^- \Longrightarrow 2H_2O \quad \varphi^{\ominus}(H_2O_2/H_2O) = 1.77 \text{ V}$$

$$MnO_2 + 4H^+ + 2e^- \Longrightarrow Mn^{2+} + 2H_2O \quad \varphi^{\ominus}(MnO_2/Mn^{2+}) = 1.23 \text{ V}$$

$$O_2 + 2H^+ + 2e^- \Longrightarrow H_2O_2 \quad \varphi^{\ominus}(O_2/H_2O_2) = 0.68 \text{ V}$$

$$\varphi^{\ominus}(H_2O_2/H_2O) > \varphi^{\ominus}(MnO_2/Mn^{2+})$$

① $H_2O_2 + Mn^{2+} \Longrightarrow MnO_2 + 2H^+$,此反应可以进行。

$$\varphi^{\ominus}(MnO_2/Mn^{2+}) > \varphi^{\ominus}(O_2/H_2O_2)$$

② $MnO_2 + 2H^+ + H_2O_2 \Longrightarrow Mn^{2+} + 2H_2O + O_2$,此反应可以进行。

①+②得

$$2H_2O_2 \xrightarrow{MnO_2} 2H_2O + O_2$$

(4) $Na_2S_2O_3$ 溶液和 $AgNO_3$ 溶液反应,为什么有时生成 Ag_2S 沉淀,有时却生成 $[Ag(S_2O_3)_2]^{3-}$ 配离子?

向过量硝酸银溶液中滴入少量 $Na_2S_2O_3$ 溶液先生成白色的硫代硫酸银沉淀,该沉淀发生水解,产生黑色硫化银。方程式为 $Ag_2S_2O_3 + H_2O \Longrightarrow H_2SO_4 + Ag_2S$。

如果向硫代硫酸钠溶液中加入少量硝酸银,起初会看到白色絮状物,振荡消失。此时得到的是 $[Ag(S_2O_3)_2]^{3-}$ 配离子,这是利用配位反应使 Ag_2S 溶解。

（朱沛华编写）

实验 13　氮、磷、碳、硅、硼

一、预　习　提　要

进行本实验之前,请认真预习实验教材,完成以下问题:

(1) 加入 H_2SO_4 是否会对 $NaNO_2$ 溶液与 $KMnO_4$ 溶液的反应产生影响?

（2）磷酸根离子的鉴定可用磷酸铵镁沉淀法和磷钼酸铵沉淀法，两种方法实验条件和生成的沉淀有何不同？

（3）干燥氨气可以用无水氯化钙吗？

（4）如何证明白色沉淀是 $Al(OH)_3$ 而不是 $Al_2(CO_3)_3$？

（5）设计实验记录的填写表格，并预测实验现象。

二、实验指导

1. 铵盐的热分解

（1）台秤称取 0.5 g 固体 NH_4Cl，将药品装入一支试管并平铺在试管底部，倾斜固定在铁架台上。在有固体处固定文火加热，并将湿润 pH 试纸靠近管口，观察现象。

提醒： 湿润 pH 试纸检验的是气体的酸碱性，不是 pH。检验时不能直接用手拿试纸，防止手不洁污染试纸以及不明气体对手造成伤害，应用一洁净玻璃棒蘸水后"点击"pH 试纸，在润湿试纸的同时把试纸沾到玻璃棒上，然后在试管口检验气体酸碱性。

（2）取 1 g 研细的重铬酸铵晶体，放在石棉网上堆成锥形，往中间插灼热的玻璃棒，观察现象。

提醒： 玻璃棒插入后迅速将手拿开，反应完毕不要马上触摸。

本实验考察的是不同类型铵盐的热分解反应。铵盐热分解产物与阴离子对应的酸的氧化性、挥发性及分解温度有关。如果对应的酸有挥发性而无氧化性，分解产物为 NH_3 和相应的酸。如果对应的酸有氧化性，则分解出来的 NH_3 立即被氧化为氮气或者氮的氧化物，并放出大量的热。

2. 亚硝酸和亚硝酸盐

（1）本实验考察的是 H_2SO_4 和 $NaNO_2$ 的反应，此反应生成的是亚硝酸。

提醒： 氮的氧化物吸入后对肺组织具有强烈的刺激性和腐蚀性，因此涉及氮的氧化物的实验要在通风橱中进行。

（2）本实验考察的是 $NaNO_2$ 的氧化还原性质。通过两个实验可以判断 $NaNO_2$ 的氧化能力和还原能力的强弱。相对于还原剂 I^- 和氧化剂 MnO_4^-，$NaNO_2$ 分别呈现不同的氧化还原性质。

（3）此反应用于亚硝酸根离子的定性分析。

3. 硝酸与金属反应及硝酸根的鉴定

（1）本实验主要考察硝酸的氧化性。硝酸与活泼金属 Zn 反应，可能生成氮的氧化物或者 NH_4^+。具体生成何种产物取决于硝酸的浓度，高浓度的产物为 NO_2，中低

浓度的产物为 N_2O,低浓度的产物为 NH_4^+。

(2) 硝酸根离子的鉴定:棕环现象用于硝酸根离子的定性分析。如果上述棕环现象不明显,可按照以下操作进行:在一洁净的试管中先加入 4 滴蒸馏水,再加入 10 滴浓硫酸。待冷却后,将已混合均匀的 $FeSO_4$ 和 $NaNO_3$ 的混合液沿试管壁加入到试管中。

4. 磷

1) 白磷的自燃(演示实验)

本实验由教师演示,学生注意观察并解释现象。

2) 磷酸盐的生成

(1) 用 pH 试纸测定 $0.1 mol \cdot L^{-1}$ Na_3PO_4、Na_2HPO_4 和 NaH_2PO_4 溶液的 pH,由此可以考察这三种磷酸盐的水解反应。Na_3PO_4、Na_2HPO_4 和 NaH_2PO_4 分别为碱性、弱碱性和酸性。

由于存在弱电解质的解离平衡,Na_3PO_4、Na_2HPO_4 和 NaH_2PO_4 溶液中滴入 $AgNO_3$ 溶液后,平衡移动,生成黄色 Ag_3PO_4 沉淀。

(2) $0.1 mol \cdot L^{-1}$ Na_3PO_4、Na_2HPO_4 和 NaH_2PO_4 溶液中加入 $CaCl_2$ 溶液,分别得的不同类型的磷酸钙。这几种磷酸钙盐的溶解度、性质均有区别。

5. 偏磷酸根、磷酸根、焦磷酸根的区别和鉴定

1) PO_3^-、PO_4^{3-} 和 $P_2O_7^{4-}$ 的区别

在 H_3PO_4、HPO_3(用 Na_2CO_3 溶液调至微酸性)和 $Na_4P_2O_7$ 溶液中各加入 $AgNO_3$ 溶液,得到 Ag_3PO_4 为黄色沉淀,$AgPO_3$ 和 $Ag_4P_2O_7$ 为白色沉淀。通过此实验可将磷酸根与其余两种磷酸根区分开。

在 $NaPO_3$ 和 $Na_4P_2O_7$ 溶液中,各加入 $2 mol \cdot L^{-1}$ HAc 调 pH 至 $1\sim4$,再加入鸡蛋白水溶液,观察现象。HPO_3 能使鸡蛋白絮凝沉淀,而 $H_4P_2O_7$ 不能,因此可将两种酸根区分开。

2) 磷酸根离子的鉴定

磷酸铵镁沉淀法和磷钼酸铵沉淀法都能进行磷酸根离子的定性鉴定,请同学们仔细观察实验现象,以便于今后能够进行未知溶液的鉴定。

6. 碳酸盐的水解

本组实验主要考察金属离子 Ba^{2+}、Cu^{2+}、Al^{3+} 与 Na_2CO_3 溶液的反应,研究其产物的不同。一般来说此反应的产物可能为相应的正盐、碱式碳酸盐或者氢氧化物。对于某一具体反应,金属离子不易水解且碳酸盐的溶解度小于相应的氢氧化物,产物为正盐沉淀;如果碳酸盐的溶解度和相应氢氧化物的溶解度相近,则产物为碱式碳酸

盐;如果金属离子具有强水解性,碳酸盐的溶解度小于相应的氢氧化物的溶解度,则产物为氢氧化物沉淀。

7. 硅酸盐的水解性和微溶硅酸盐的生成

1) 硅酸盐的水解

硅酸钠与氯化铵反应,硅酸钠是弱酸盐,氯化铵是弱碱盐,它们之间的反应是一种双水解反应,产物为硅酸、氨和氯化钠。

2) 微溶硅酸盐的生成——"水中花园"演示实验

这是一个非常漂亮的实验。金属盐固体加入硅酸钠溶液后,它们就开始缓慢地与硅酸钠反应生成各种不同颜色的硅酸盐胶体(大多数硅酸盐难溶于水)。生成的硅酸盐固体与液体的接触面形成半透膜,由于渗透压的关系,水不断渗入膜内,胀破半透膜使盐又与硅酸钠接触,生成新的胶状金属硅酸盐。反复渗透,硅酸盐生成芽状或树枝状。

提醒:各固体之间保持一定距离。实验完毕,须立即洗净烧杯,因为 Na_2SiO_3 对玻璃有腐蚀作用。

8. 硼酸制备、性质和鉴定

(1) 硼酸的制备利用饱和硼砂溶液与浓硫酸反应,得到的硼酸微溶于水。
(2) 硼酸是典型的路易斯酸,其酸性加入甘油后会大大增强。
(3) 硼酸与酒精在浓硫酸存在的条件下生成硼酸酯,硼酸酯燃烧产生特有的绿色火焰,此反应可以用于鉴别硼酸。

9. 硼砂珠实验

本实验利用变价金属元素盐或氧化物与硼砂的作用,形成硼酸盐,通过在氧化焰中氧化,能呈现出不同的颜色来鉴定金属离子。

提醒:①沾上的粉末要细,且用量要很少;②将硼砂珠放准位置,火焰必须保持稳定、连续不断;③进行硫化物或砷化物实验时,不能直接用铂丝,以免产生硫(砷)化铂而使铂丝损坏;④观察完毕后,可将染色珠球加热到熔化,用手指慢慢弹去,切勿用手硬拉或锤砸,这样易损坏铂丝。

三、实验记录和报告

实验记录与实验报告的格式和要求可参考本教材实验 8(氧化还原反应与电化学)相关内容,对于实验中出现的设计部分建议采用流程图的方式书写,同时写出主要化学反应式。

四、问题与讨论

(1) 欲用酸溶解磷酸银沉淀,在盐酸、硝酸和硫酸中,选哪一种最好? 为什么?

用硝酸。若用盐酸,则沉淀很难溶解,因为氯化银难溶于水,反应生成难溶于水的一部分氯化银会附在磷酸银表面阻止反应;若用硫酸,则沉淀只能溶解一部分,因为硫酸银微溶于水,反应生成的难溶于水的一部分硫酸银会附在磷酸银表面阻止反应进行;而硝酸银易溶于水,不会附在磷酸银表面阻止反应。

(2) 试用最简单的方法鉴别下列七种固体物质。

$NaHSO_4$、$NaHCO_3$、Na_2CO_3、NaH_2PO_4、Na_2HPO_4、Na_3PO_4、Na_2SO_3

将七种固体物质溶解,首先加入盐酸有气泡产生的分为①组,不产生气泡的为②组。

①组为 $NaHCO_3$、Na_2CO_3、Na_2SO_3,将其溶解加入 $KMnO_4$ 褪色的为 Na_2SO_3。剩余的为 $NaHCO_3$、Na_2CO_3,通过 pH 试纸进行鉴别,pH 高的为 Na_2CO_3,低的为 $NaHCO_3$。

②组为 $NaHSO_4$、NaH_2PO_4、Na_2HPO_4、Na_3PO_4,将其溶解加入酸化的 $BaCl_2$ 溶液,生成白色沉淀的为 $NaHSO_4$。剩余的为 NaH_2PO_4、Na_2HPO_4、Na_3PO_4,通过 pH 试纸进行鉴别,pH 由高到低分别为 Na_3PO_4、Na_2HPO_4、NaH_2PO_4。

(3) 比较 H_2CO_3 和 H_4SiO_4(或 H_2SiO_3)的性质有何异同? 下列两个反应有无矛盾?

$$CO_2 + Na_2SiO_3 + H_2O \Longequal H_2SiO_3 + Na_2CO_3 \qquad ①$$

$$Na_2CO_3 + SiO_2 \Longequal Na_2SiO_3 + CO_2 \uparrow \qquad ②$$

H_2CO_3 酸性强于 H_4SiO_4。

不矛盾。①是在溶液中进行的反应,之所以能够发生是由于酸性 $H_2CO_3 >$ H_2SiO_3;②是在高温熔融状态下的反应,由于 CO_2 可从熔融体中逸出,使得反应可以发生,与酸性无关。

(4) 三氯化氮和三氯化磷的水解产物有何不同,为什么?

三氯化氮分子中,由于 Cl 和 N 电负性相当,N 原子配位能力强,与水分子中的 H 形成 NH_3。水分子中的羟基向 Cl 进攻,形成 HClO。三氯化磷分子中,由于 Cl 的电负性比 P 大,P 与水分子中的 OH 形成 H_3PO_3。水分子中的 H 与带负电的 Cl 结合,形成 HCl。

(朱沛华编写)

实验 14 锡、铅、锑、铋

一、预 习 提 要

锡、铅、锑、铋是 p 区元素中有代表性的金属元素,其原子的电子构型与氧化数为

	电子构型	氧化数
Sn Pb	$ns^2 np^2$	$+2,+4$
Sb Bi	$ns^2 np^3$	$+3,+5$

低价态锡、锑具有还原性,高价态铅、铋具有氧化性;这些金属的氢氧化物中,大多数显两性,它们的盐多数易水解;它们的硫化物都有特征的颜色。

进行本实验之前,请认真预习实验教材,完成以下问题:

(1) 如何配制 10 mL 0.1 mol·L^{-1} $SnCl_2$ 溶液?

(2) 如何配制 $SbCl_3$ 和 $Bi(NO_3)_3$ 溶液?

(3) 如何鉴别 $SnCl_4$ 和 $SnCl_2$?

(4) 试验 $Pb(OH)_2$ 的碱性应该用什么酸?

(5) 亚锑酸钠溶液与碘水反应前为什么要调 pH 至中性? 用什么酸来调?

(6) $MnSO_4$ 溶液在酸性条件下与少量固体 $NaBiO_3$ 反应时,为什么只能取两滴?

二、实 验 指 导

1. 锡、锑、铋低价盐溶液的配制和水解作用

相应低价态的盐除 Pb^{2+} 水解不显著外,Sn^{2+}、Sb^{3+}、Bi^{3+} 的盐都易于水解,其水解产物为碱式盐的沉淀。例如:

$$SnCl_2 + H_2O \rightleftharpoons Sn(OH)Cl \downarrow (白色) + HCl$$
$$SbCl_3 + H_2O \rightleftharpoons SbOCl \downarrow (白色) + 2HCl$$
$$BiCl_3 + H_2O \rightleftharpoons BiOCl \downarrow (白色) + 2HCl$$

所以在配制它们的盐溶液时,应加入足够量的酸抑制碱式盐沉淀的生成。

0.1 mol·L^{-1} $SnCl_2$ 溶液的配制,参照实验 2(溶液的配制)中的方法。

2. 低价态氢氧化物的酸碱性

这些金属的氢氧化物中,除 $Bi(OH)_3$ 显弱碱性外,其余的 $Sn(OH)_2$(白色)、$Pb(OH)_2$(白色)、$Sb(OH)_3$(白色)、$Bi(OH)_3$(白色)都是两性的氢氧化物。试验 $Pb(OH)_2$ 的碱性应该用稀 HNO_3 或 HAc,不能用盐酸或 H_2SO_4,因为 $PbCl_2$ 和

$PbSO_4$ 都难溶于水。

3. 锡、铅、锑、铋化合物的氧化还原性

$Sn(Ⅳ)$ 的稳定性大于 $Sn(Ⅱ)$，而 $Pb(Ⅱ)$ 的稳定性大于 $Pb(Ⅳ)$，故 $Sn(Ⅱ)$ 化合物有明显的还原性，$SnCl_2$ 是实验室常用的还原剂，而 PbO_2 是常用的强氧化剂。例如，$SnCl_2$ 可将 $HgCl_2$ 还原为 Hg_2Cl_2，并进一步还原为 Hg，出现灰黑色沉淀。

$$SnCl_2 + 2HgCl_2 = SnCl_4 + Hg_2Cl_2 \downarrow (白色)$$
$$SnCl_2 + Hg_2Cl_2 = 2Hg \downarrow (黑色) + SnCl_4$$

这一反应可用来鉴定 Hg^{2+} 和 Sn^{2+}。

在碱性介质中 $[Sn(OH)_4]^{2-}$（或 SnO_2^{2-}）的还原性很强。例如，碱性溶液中 SnO_2^{2-} 可将 Bi^{3+} 还原为黑色的金属铋，这是鉴定 Bi^{3+} 的一种方法。

$$2Bi^{3+} + 6OH^- + 3[Sn(OH)_4]^{2-} = 2Bi + 3[Sn(OH)_6]^{2-}$$

亚锑酸钠溶液调节 pH 至中性左右（用 HAc 调到 pH 为 $5\sim9$，pH 小于 4 反应不完全，pH 大于 9 时，I_2 自身会发生歧化反应），滴加碘水，碘水的颜色褪去，然后将溶液用浓盐酸酸化，颜色重现。

$$SbO_3^{3-} + I_2 + 2OH^- = SbO_4^{3-} + 2I^- + H_2O$$
$$3I_2 + 6OH^- = 5I^- + IO_3^- + 3H_2O$$

PbO_2 在酸性介质中能将 Mn^{2+} 氧化成紫红色的 MnO_4^-。与此相似，五价的铋也呈强氧化性，在硝酸介质中 $NaBiO_3$ 液能将 Mn^{2+} 氧化成 MnO_4^-。

$$5PbO_2 + 2Mn^{2+} + 4H^+ = 2MnO_4^- + 5Pb^{2+} + 2H_2O$$
$$5NaBiO_3 + 2Mn^{2+} + 14H^+ = 2MnO_4^- + 5Bi^{3+} + 5Na^+ + 7H_2O$$

上述两个反应都可以用来鉴定 Mn^{2+} 离子。

该实验严格控制 $MnSO_4$ 的量，否则生成的 MnO_4^- 与过量的 Mn^{2+} 反应生成棕色 MnO_2 沉淀，看不到 MnO_4^- 的紫色。

比较上面几个实验可以得出 Sn、Pb、Sb、Bi 各价态的氧化还原性，低价态具有还原性，Sn^{2+} 是强的还原剂；高价态具有氧化性，$Pb(Ⅳ)$ 和 $Bi(Ⅴ)$ 是强的氧化剂。

4. 锡、铅、锑、铋的硫化物及硫代酸盐

锡、铅、锑、铋各价态的硫化物（PbS_2 不存在）都有特征的颜色：

SnS	SnS$_2$	PbS	Sb$_2$S$_3$	Sb$_2$S$_5$	Bi$_2$S$_3$
棕色	黄色	黑色	橙红色	橙红色	黑色

其中，SnS_2、Sb_2S_3、Sb_2S_5 偏酸性，可与可溶性碱性硫化物，如 Na_2S 溶液作用生

成相应的硫代酸盐而溶解。

$$Sb_2S_3 + 3S^{2-} = 2SbS_3^{3-}$$

$$SnS_2 + S^{2-} = SnS_3^{2-}$$

硫代酸盐很不稳定,遇酸即分解。

$$2SbS_3^{3-} + 6H^+ = Sb_2S_3 + 3H_2S\uparrow$$

锡、铅、锑、铋各价态的硫化物性质见表 1-1。

表 1-1　比较硫化物的性质

不溶于稀盐酸		不溶于稀盐酸、溶于浓硝酸
溶于浓盐酸		
不溶于硫化钠	溶于硫化钠	
SnS 褐色	SnS$_2$ 黄色	
	Sb$_2$S$_3$ 橙色	Bi$_2$S$_3$ 暗棕色
PbS 黑色	Sb$_2$S$_5$ 橙色	

5. Pb^{2+} 的难溶盐

Pb^{2+} 有多种难溶盐,且有特征的颜色,如 PbSO$_4$ 白色、PbCl$_2$ 白色、PbI$_2$ 黄金色、PbCrO$_4$ 黄色;PbSO$_4$ 和 PbCrO$_4$ 不溶于水,PbCl$_2$ 不溶于冷水,易溶于热水和盐酸,

$$PbCl_2 + 2HCl = H_2[PbCl_4]$$

$$PbI_2 + 2KI = K_2[PbI_4]$$

通常用 Pb^{2+} 与 CrO$_4^{2-}$ 生成 PbCrO$_4$ 黄色沉淀的反应鉴定 Pb^{2+} 的存在。

6. 离子的鉴定

(1) Sb^{3+} 离子的鉴定:①取一滴 0.1 mol·L^{-1} SbCl$_3$ 溶液,加入 6 mol·L^{-1} NaOH 溶液至过量,然后加[Ag(NH$_3$)$_2$]$^+$ 溶液,微热,有黑色 Ag 的生成,此反应常用来鉴定 Sb^{3+} 的存在;②在一小片光亮的锡片上滴加 1 滴 0.1 mol·L^{-1} SbCl$_3$ 溶液,锡片上出现黑色。此反应也可用来鉴定 Sb^{3+} 的存在。

(2) 取 Sn^{2+}、Pb^{2+} 混合液 5 滴,滴加盐酸,PbCl$_2$ 不溶于冷水,易溶于热水和盐酸,可进一步分离鉴定。

(3) 取 Sb^{3+}、Bi^{3+} 混合液 5 滴,滴加 NaOH 溶液至过量,Bi(OH)$_3$ 显碱性、Sb(OH)$_3$ 呈两性,利用此性质进行分离鉴定。

三、实验记录和报告

本实验项目多,实验记录时不必写步骤,只需标明实验序号并记录实验现象即

可,单个实验内容较多时可以用简单图表辅助记录,不必分析产生实验现象的原因,此项工作在实验报告中进行。

实验报告可参考实验教材第 4 页性质实验报告格式。

四、问题与讨论

(1) 如何用实验证明铅丹的组成是 $PbO \cdot PbO_2$?

在 $PbO \cdot PbO_2$ 中加入 $6 \ mol \cdot L^{-1}$ 的硝酸,微热,固体由橙色变为黑色,自然沉降后吸取清液,加 $2 \ mol \cdot L^{-1} \ H_2SO_4$,得白色沉淀。

$$PbO \cdot PbO_2 + 4H^+ \Longrightarrow PbO_2(黑色) + 2Pb^{2+} + 2H_2O$$
$$Pb_2^+ + SO_4^{2+} \Longrightarrow PbSO_4 \downarrow$$

(2) SnS 能否溶于 Na_2S 溶液中?哪些硫化物能溶于硫化钠溶液中?

SnS 不溶;SnS_2(黄色)、Sb_2S_3(橙色)和 Sb_2S_5(橙色)这三种硫化物都能溶解在硫化钠溶液中。

(赵淑英编写)

实验 15 铜、银、锌、镉、汞

一、预 习 提 要

本实验是 ds 区元素的性质实验。在元素周期表中 Cu、Ag 属 I B 族元素,Zn、Cd、Hg 为 II B 族元素。Cu、Zn、Cd、Hg 常见氧化数为 +2,Ag 为 +1,Cu 与 Hg 的氧化数还有 +1。

在进行本实验之前,通过复习相关理论知识和预习本实验内容,回答下列问题:

(1) 在制备氯化亚铜时,能否用氯化铜和铜屑在用盐酸酸化呈微弱酸性的条件下反应?为什么?若用浓氯化钠溶液代替盐酸,此反应能否进行?为什么?

(2) 使用汞时应注意什么?为什么汞要用水封存?

(3) 用平衡原理预测在硝酸亚汞溶液中通入硫化氢气体后,生成的沉淀为何物,并加以解释。

(4) 白色氯化亚铜沉淀中加入浓氨水或浓盐酸后形成什么颜色溶液?放置一段时间后会变成蓝色溶液,为什么?

(5) 做好银镜实验的关键是什么?试管中的银镜怎样洗涤?

(6) 汞盐和亚汞盐的性质有何不同?怎样区别它们?

二、实验指导

1. 铜、银、锌、镉、汞氢氧化物和氧化物的生成与性质

(1) 利用 $2\ mol\cdot L^{-1}$ 的 NaOH 溶液和 $0.1\ mol\cdot L^{-1} CuSO_4$ 溶液反应制取三份 $Cu(OH)_2$。分别在三只试管中加入 $0.1\ mol\cdot L^{-1} CuSO_4$ 溶液 5~10 滴(在可清楚观察实验现象的基础上,尽可能减少试剂的用量),然后滴加 NaOH 溶液,NaOH 溶液加入不要太快,每加入一滴即振荡试管。一份加热至固体变黑,试验 $Cu(OH)_2$ 的脱水性;其余两份分别加入 $2\ mol\cdot L^{-1} H_2SO_4$ 溶液和过量 $6\ mol\cdot L^{-1}$ NaOH 溶液,观察沉淀是否溶解,依此判断 $Cu(OH)_2$ 的酸碱性。

(2) $AgNO_3$ 溶液中加入 NaOH 溶液,首先析出的是白色 AgOH,但是 AgOH 在常温下极不稳定,立即脱水分解为褐色的 Ag_2O。Ag_2O 显弱碱性。

(3) $Zn(OH)_2$ 为两性氢氧化物,既可溶于酸又可溶于强碱。$Cd(OH)_2$ 为碱性氢氧化物,不溶于碱,只溶于酸。

(4) $Hg(NO_3)_2$ 溶液中加入 NaOH 溶液,会析出橘黄色 HgO,因为 $Hg(OH)_2$ 在室温下不存在。HgO 为碱性氧化物,不溶于碱,只溶于酸。

列表比较 Cu^{2+}、Ag^+、Zn^{2+}、Cd^{2+}、Hg^{2+}、Hg_2^{2+} 与 NaOH 反应的产物及产物的酸碱性(表 1-2)。

表 1-2　Cu^{2+}、Ag^+、Zn^{2+}、Cd^{2+}、Hg^{2+}、Hg_2^{2+} 与 NaOH 反应的现象和方程式

离子	现象			方程式
	适量 NaOH	H_2SO_4	过量 NaOH	
Cu^{2+}				
Ag^+				
Zn^{2+}				
Cd^{2+}				
Hg^{2+}				
Hg_2^{2+}				
结论				

2. 铜、银、锌、镉、汞盐和氨水的反应

试管中分别加入 $0.1\ mol\cdot L^{-1} Cu^{2+}$、$Ag^+$、$Zn^{2+}$、$Cd^{2+}$、$Hg^{2+}$、$Hg_2^{2+}$ 溶液各 5~10 滴,然后逐滴加入 $2\ mol\cdot L^{-1}$ 的氨水,每加入一滴即振荡试管,观察沉淀是否溶解(表 1-3)。

表 1-3　Cu^{2+}、Ag^+、Zn^{2+}、Cd^{2+}、Hg^{2+}、Hg_2^{2+} 与氨水反应的现象和方程式

离子	现象		方程式
	适量氨水	过量氨水	
Cu^{2+}			
Ag^+			
Zn^{2+}			
Cd^{2+}			
Hg^{2+}			
Hg_2^{2+}			
结论			

3. Cu^{2+}、Hg^{2+}、Hg_2^{2+} 与 KI 的反应

（1）+2 价铜的氧化性和+1 价铜的配合物：Cu^{2+} 为弱氧化剂，可被 I^- 还原得 CuI 沉淀和单质碘。由于单质碘的颜色会掩盖 CuI 沉淀的颜色，因此加入 $0.2\ mol \cdot L^{-1}$ $Na_2S_2O_3$ 溶液以除去反应中生成的碘，切勿多加，防止 CuI 溶解，观察沉淀的白色。

（2）Hg^{2+} 与 KI 反应，先生成 HgI_2 红色沉淀，该沉淀能溶于过量的 KI，形成配离子 $K_2[HgI_4]$。$K_2[HgI_4]$ 与 KOH 的混合溶液称为奈斯勒试剂。如果溶液中有微量的 NH_4^+ 存在，滴加该试剂，可立即生成红棕色沉淀，常用此反应鉴定 NH_4^+。

（3）Hg_2^{2+} 不易生成配合物，但在相应配体的存在下，可发生歧化反应，生成 Hg^{2+} 和 Hg。

4. 铜、银化合物的氧化还原性

1）氯化亚铜的生成和性质

在 10 滴 $1\ mol \cdot L^{-1}$ $CuCl_2$ 溶液中，加入 10 滴浓盐酸和少量铜粉，此时溶液为绿色，原因是生成了黄色的 $[CuCl_4]^{2-}$ 和蓝色的 $[Cu(H_2O)_4]^{2+}$，两者的混合色为绿色。小火加热至沸，待溶液呈浅黄色时，停止加热，生成了配合物 $H[CuCl_2]$。用滴管吸出少量溶液，加入盛有半杯水的小烧杯中，配合物分解，观察白色沉淀的生成。

$$CuCl_2 + Cu(s) + 2HCl(浓) =\!=\!= 2H[CuCl_2](棕黄色)$$

取少许 CuCl 沉淀，分别与 $2\ mol \cdot L^{-1}$ 氨水或浓盐酸反应，会生成无色溶液。加氨水的溶液放置一段时间会变成蓝色，原因是发生了氧化反应，生成了二价铜离子的配合物 $[Cu(NH_3)_4]^{2+}$。加浓盐酸的溶液放置一段时间会变成黄色，原因是发生了氧化反应，生成了二价铜离子的配合物 $[CuCl_4]^{2-}$。

2）银离子的氧化性（银镜反应）

做银镜反应用的试管必须十分洁净，这是实验成功的关键。若试管不清洁，还原

出来的银大部分呈疏松颗粒状析出,致使管壁上所附的银层不均匀平整,结果就得不到明亮的银镜,而是一层不均匀的黑色银粒子。银氨溶液与滴入的葡萄糖混合均匀并温热时,不要再摇动试管。此时若摇动试管或试管不够洁净,生成的将是黑色疏松的银沉淀而不是光亮的银镜。制备银氨溶液时不能加入过量的氨水,滴加氨水的量最好以最初产生的沉淀在刚好溶解与未完全溶解之间。反应必须在水浴中进行加热,不要用火焰直接加热,否则有可能发生爆炸。实验后,试管中的反应混合液放置时间过长,会析出有强爆炸性的 Ag_3N 沉淀,应加入盐酸破坏溶液中的 $[Ag(NH_3)_2]^+$,将其转化为 $AgCl$ 回收。

5. 铜、锌、镉离子的鉴定反应

1) Cu^{2+} 的鉴定反应

Cu^{2+} 与黄血盐 $K_4[Fe(CN)_6]$ 生成红棕色沉淀(在点滴板或表面皿上做)。通常用于鉴定 Cu^{2+} 的方法,还可借浓氨水与其作用,得到深蓝色的配离子 $[Cu(NH_3)_4]^{2+}$。

2) Zn^{2+} 的鉴定反应

有机物二苯硫腙(HDZ)(绿色),在碱性条件下与 Zn^{2+} 反应生成粉红色的 $[Zn(DZ)_2]$,常用来鉴定 Zn^{2+} 的存在。

反应式为

$$Zn^{2+} + 2HDZ = [Zn(DZ)_2] + 2H^+ \text{(碱性介质)}$$

3) Cd^{2+} 的鉴定反应

Cd^{2+} 与 Na_2S 溶液反应生成黄色沉淀。

6. 混合离子的分离与鉴定

(1) 取 Zn^{2+}、Cd^{2+}、Hg^{2+} 溶液各 5 滴,混合后进行分离和鉴定(自己设计方案)。

参考方案如下:

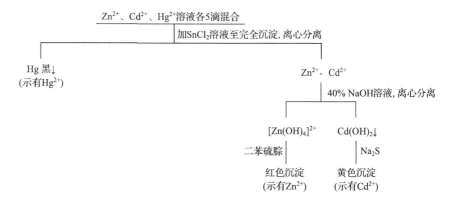

涉及主要反应：

$$2HgCl_2 + SnCl_2 + 2HCl == Hg_2Cl_2 \downarrow + H_2SnCl_6$$
$$Hg_2Cl_2 + SnCl_2 + 2HCl == 2Hg \downarrow + H_2SnCl_6$$
$$Zn^{2+} + 2OH^- == Zn(OH)_2 \downarrow$$
$$Zn(OH)_2 + 2OH^- == [Zn(OH)_4]^{2-}$$
$$Cd^{2+} + S^{2-} == CdS \downarrow$$

（2）利用配位反应分离混合离子（Ag^+、Cu^{2+}、Fe^{3+}）并鉴定。

参考方案如下：

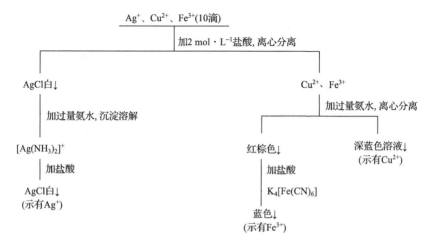

涉及主要反应：

$$Ag^+ + Cl^- == AgCl \downarrow$$
$$Ag^+ + 2NH_3 == [Ag(NH_3)_2]^+$$
$$Cu^{2+} + 4NH_3 == [Cu(NH_3)_4]^{2+}$$
$$Fe^{3+} + 3NH_3 \cdot H_2O == Fe(OH)_3 \downarrow + 3NH_4^+$$
$$xFe^{3+} + xK_4[Fe(CN)_6] == [KFe(CN)_6Fe]_x \downarrow$$

三、实验记录和报告

实验记录时不必写步骤，只需标明实验序号并记录实验现象即可，实验现象包括颜色、状态、气味等，个别实验要突出试剂用量和现象的关系，不必分析产生实验现象的原因，此项工作在实验报告中进行。

实验报告可参考实验教材第 4 页性质实验报告格式。

四、问题与讨论

(1) Cu(Ⅰ)和 Cu(Ⅱ)稳定存在和转化的条件是什么?

Cu(Ⅰ)在水溶液中不稳定,易歧化,在有机溶剂中生成沉淀以及某些配合物时可以稳定存在。例如

$$2Cu^{2+} + 4I^- \rightleftharpoons 2CuI\downarrow + I_2$$

$$CuI + I^- \rightleftharpoons [CuI_2]^-$$

Cu(Ⅰ)-Cu(Ⅱ):水中歧化

$$Cu_2O + 4H^+ \rightleftharpoons Cu^{2+} + Cu + 2H_2O$$

Cu(Ⅱ)-Cu(Ⅰ):加入沉淀剂或配位剂

$$Cu + Cu^{2+} + 4Cl^- \rightleftharpoons 2[CuCl_2]^-$$

(2) 在 $Hg(NO_3)_2$ 和 $HgCl_2$ 溶液中各加入氨水是否能得到氨配合物?

$$Hg(NO_3)_2 + 2NH_3 \cdot H_2O \rightleftharpoons Hg(NH_2)NO_3\downarrow + NH_4NO_3 + 2H_2O$$

$$HgCl_2 + 2NH_3 \rightleftharpoons HgNH_2Cl\downarrow + NH_4Cl$$

(3) 使用金属汞时,为什么要保存在水下?

汞在常温下会蒸发形成汞蒸气,用水作保护层防止汞蒸发。

(范迎菊编写)

实验 16 铬、锰、铁、钴、镍

一、预 习 提 要

本实验是 d 区代表性元素铬、锰、铁、钴、镍的性质实验。d 区元素,尤其是铬、锰等呈现多氧化态,是学习上的难点,通过本实验可以直观地了解不同氧化态物质的酸碱、氧化还原和配位性能,加深对理论知识的理解。

在进行本实验之前,通过复习相关理论知识和预习本实验内容,回答下列问题:

(1) Cr(Ⅵ)的强氧化性在什么条件下得以体现?

(2) Cr(Ⅲ)的颜色为什么呈现多变性?

(3) $K_2Cr_2O_7$ 与 $AgNO_3$、$BaCl_2$、$Pb(NO_3)_2$ 反应时,得到的沉淀分别是什么?

(4) $Mn(OH)_2$ 具有极强的还原性,即使水中溶解的少量 O_2 也会将其氧化,怎样才能将溶液中的氧气除去?

(5) 制备 $Mn(OH)_2$ 沉淀时,除事先除去溶液中的氧气外,实验过程中还应如何

操作以避免氧气的混入?

（6）写出 HNO_3 介质条件下，$NaBiO_3$ 固体与 $MnSO_4$ 反应鉴定 Mn^{2+} 的反应方程。

（7）MnO_4^- 在不同酸度介质条件下的还原产物分别是什么?

（8）Fe^{3+} 与 NH_3 反应能否得到可溶性配合物?

（9）$Co(OH)_3$ 和 $Ni(OH)_3$ 能否溶于浓盐酸得到 Co^{2+} 和 Ni^{2+}?

二、实验指导

离子性质实验对反应条件要求较高，条件控制不好会导致预期结果不能出现，甚至得到错误的结论。同学们在进行实验之前应熟练掌握相关理论知识，了解每个实验项目的目的并预估实验结果，以便在实验结果未达预期时能正确分析原因，及时修正实验并与指导教师讨论，保证顺利完成实验。

1. 铬的化合物

1）Cr(Ⅲ)的氢氧化物的生成和酸碱性

利用 $2\ mol \cdot L^{-1}$ 的 NaOH 溶液与 $CrCl_3$ 溶液反应制取 $Cr(OH)_3$ 沉淀。分别在两个试管中加入 $CrCl_3$ 溶液 5～10 滴（在可清楚观察实验现象的基础上，尽可能减少试剂的用量），然后滴加 NaOH 溶液，NaOH 加入不要太快，每加入 1 滴即振荡试管，否则产生的沉淀易溶解。分别在两个试管中滴加稀盐酸和 $6\ mol \cdot L^{-1}$ NaOH，观察沉淀是否溶解，依此判断 $Cr(OH)_3$ 的酸碱性。

2）Cr(Ⅲ)的还原性

本实验的物质变化过程为 Cr^{3+}—$Cr(OH)_3$—CrO_2^-—CrO_4^{2-}—$Cr_2O_7^{2-}$—CrO_5。在碱性条件下，Cr(Ⅲ)极不稳定，很容易被氧化为 Cr(Ⅵ)，即 CrO_4^{2-}。Cr(Ⅵ)有两种存在形式，碱性条件下以 CrO_4^{2-} 形式存在，酸性条件下则以 $Cr_2O_7^{2-}$ 形式存在。酸性条件下 $Cr_2O_7^{2-}$ 与 H_2O_2 反应会得到黄色的 CrO_5（过氧化铬），CrO_5 在酸性介质中不稳定，但可稳定存在于乙醚中并呈现特殊的蓝色。反应式如下：

$$Cr_2O_7^{2-} + 4H_2O_2 + 2H^+ =\!=\!= 2CrO_5 + 5H_2O$$

可用来检验 Cr(Ⅵ)或 H_2O_2 的存在。

乙醚不要多用，加入 5～10 滴并振荡，静置后观察乙醚层颜色变化。

3）Cr(Ⅲ)的水解性

大部分金属离子可与 Na_2S 作用生成特殊颜色和溶解性的硫化物，但 Cr^{3+} 或 Al^{3+} 与 S^{2-} 无法得到稳定的产物，在水中立即分解得到氢氧化物沉淀与 H_2S，可通过实验检验 H_2S 逸出。

H_2S 气体可用润湿的乙酸铅试纸检验，具体方法如下：轻拍装有试纸的广口瓶瓶口,使剪成小片的 $Pb(Ac)_2$ 试纸均匀撒在干燥的表面皿上,先用玻璃棒蘸取蒸馏水,将蘸水的玻璃棒以小角度接触试纸(近乎与试纸平行,增大接触面),使试纸被润湿并吸附于玻璃棒上。将试纸置于试管口,逸出的 H_2S 气体与 $Pb(Ac)_2$ 反应,生成黑色 PbS,试纸显黑色。H_2S 气体有剧毒,控制好试剂加入量,同时实验应在通风橱中进行。

4) $Cr(Ⅵ)$ 的氧化性

(1) 用 Na_2SO_3 检验 $K_2Cr_2O_7$ 的氧化性。本实验应注意两个问题:一是介质酸的选择,介质酸本身既不能氧化 Na_2SO_3,又不能被 $K_2Cr_2O_7$ 氧化,应选择稀硫酸作酸性介质;二是试剂用量,$K_2Cr_2O_7$ 不能过量,否则无法准确观察其被还原前后颜色的变化,应逐滴加入并振荡,观察到橙红色褪去说明 $K_2Cr_2O_7$ 被还原。

(2) 试验 $K_2Cr_2O_7$ 能否氧化盐酸。$K_2Cr_2O_7$ 的氧化性受到溶液酸性的影响,要将盐酸氧化为氯气需与浓盐酸反应。检验氯气可使用润湿的淀粉-碘化钾试纸,检验方法与前面检验 H_2S 的方式相同,切不可用鼻子直接在试管口闻;生成的氯气氧化 I^- 为单质 I_2,淀粉-碘化钾试纸显蓝色。由于生成的氯气有剧毒,实验在通风橱中进行,同时严格控制试剂加入量,能观察到现象即可。

5) 铬酸根和重铬酸根在溶液中的平衡

$Cr(Ⅵ)$ 在不同的酸性条件下呈现不同的状态,可通过颜色的变化判断 $Cr_2O_7^{2-}$(橙红色)和 CrO_4^{2-}(黄色)在不同介质条件下的分布情况。

6) 微溶性铬酸盐的生成

微溶性铬酸盐大多呈现特殊的颜色,如 Ag_2CrO_4 呈砖红色,$BaCrO_4$ 呈鹅黄色,$PbCrO_4$ 呈深黄色,通过颜色的变化可大致判断金属离子的存在。当 $K_2Cr_2O_7$ 与 $AgNO_3$、$BaCl_2$、$Pb(NO_3)_2$ 反应时,由于存在 $2CrO_4^{2-}+2H^+\!=\!\!=\!\!=\!Cr_2O_7^{2-}+H_2O$ 的平衡,实际生成的沉淀仍与 K_2CrO_4 反应时相同(铬酸盐溶解度更低)。但由于 $K_2Cr_2O_7$ 本身颜色较重,会影响结果的判断。例如,当 $K_2Cr_2O_7$ 与 $BaCl_2$ 反应时,如果 $K_2Cr_2O_7$ 过量,$K_2Cr_2O_7$ 自身的颜色与 $BaCrO_4$ 的颜色重叠,观察到的颜色与 $BaCrO_4$ 自身颜色存在一定差异。

注意:铬酸盐、银盐、钡盐、铅盐都具有较大的毒性,实验废液不要随便倾倒,应回收至指定的废液桶中。

2. 锰的重要化合物

1) $Mn(Ⅱ)$ 的化合物

(1) $Mn(OH)_2$ 的制取和性质。$Mn(OH)_2$ 具有很强的还原性,溶液中的少量氧即可将其氧化。制备 $Mn(OH)_2$ 时,除需将溶液煮沸以除去溶液中的氧气外,实验过程中也要注意避免引入空气。建议将盛有 $MnSO_4$ 溶液的试管置于试管架上,防止实验过程中试管振动;再用长滴管吸取 $NaOH$ 溶液后,将滴管探入盛有 $MnSO_4$ 溶液的试管底部,缓缓挤出 NaOH,注意观察沉淀的颜色。此试管振荡后,沉淀颜色会立即转化成棕色,生成水合二氧化锰[写作 $MnO(OH)_2$ 或 $MnO_2 \cdot H_2O$,既难溶于酸,又难溶于碱]。

另两支得到 $Mn(OH)_2$ 沉淀的试管中分别加入盐酸和 NaOH 溶液,观察沉淀是否溶解,据此判断 $Mn(OH)_2$ 的酸碱性。

加盐酸检验 $Mn(OH)_2$ 的碱性时,一旦出现 $Mn(OH)_2$ 的白色沉淀,一定要迅速加入盐酸方能观察到白色沉淀的溶解,否则 $Mn(OH)_2$ 很快被氧化为棕色的 $MnO(OH)_2$ 而难以被盐酸所溶解。

煮沸 NaOH 溶液时一定要按照试管中溶液加热的操作规程小心操作,防止强腐蚀性的 NaOH 溶液溅出伤人。建议取几毫升溶液在小烧杯中煮沸,供几名同学同时使用。

(2) Mn^{2+} 的鉴定。本实验要注意 $MnSO_4$ 的浓度和加入量,因为溶液中的反应速率比固液反应更快,当加入 $MnSO_4$ 较多时,反应得到的 MnO_4^- 可能会与过量的 Mn^{2+} 反应生成 MnO_2,进而影响对反应的判断。加入 1 滴 $0.01\ mol \cdot L^{-1}$ 的 $MnSO_4$ 溶液,其被 $NaBiO_3$ 氧化成 MnO_4^-,溶液呈紫色,此反应可作为鉴定 Mn^{2+} 的特征反应。

2) Mn(Ⅳ)的生成和氧化性

(1) $KMnO_4$ 与 $MnSO_4$ 反应,以 Na_2SO_3 检验生成物的氧化性。本实验应注意控制 $KMnO_4$ 的加入量,使生成物可以被 Na_2SO_3 完全还原,否则影响实验的观察。

(2) MnO_2 与盐酸反应。要观察氯气的生成应使用浓盐酸,其检验方法和防护注意事项可参考 $K_2Cr_2O_7$ 与盐酸反应部分,注意实验安全。

MnO_2 的使用量要少,以 MnO_2 被完全消耗为宜,否则过量的 MnO_2 会影响对溶液颜色的观察。

3) Mn(Ⅵ)的生成和氧化还原稳定性

Mn(Ⅵ)只能在碱性条件下存在,溶液呈绿色,酸性条件下即发生歧化,相关理论知识可参阅《无机化学》相关内容。

实验过程中为易于观察溶液的颜色,应将 $KMnO_4$、NaOH 和 MnO_2 在硬质试管中加热后转移至离心试管(离心试管可否直接用酒精灯加热?)离心分离,观察绿色 K_2MnO_4 的生成。

实验中有时会发现 $KMnO_4$ 中加入浓 NaOH 溶液后立刻呈现绿色,这可能是由于溶液中混有 $KMnO_4$ 分解产生的 MnO_2 所致,相关反应如下:

$$10KMnO_4 \xrightarrow{\substack{\text{受热或}\\\text{久放}}} 3K_2MnO_4 + 7MnO_2 + 6O_2\uparrow + 2K_2O$$

或

$$4KMnO_4 + 2H_2O \xrightarrow{\text{光}} 4MnO_2\downarrow + 4KOH + 3O_2\uparrow$$

$$2MnO_4^- + MnO_2 + 4OH^- \Longrightarrow 3MnO_4^{2-} + 2H_2O$$

所以,高锰酸钾应提前 1～2 天配制,使用前用砂芯漏斗过滤除去固体杂质;使用一段时间后应重新过滤。

此外,高锰酸钾在碱性溶液中也会慢慢发生分解反应(如实验中,在高锰酸钾溶液中加入 NaOH 后振荡一段时间):

$$4MnO_4^- + 4OH^- \Longrightarrow 4MnO_4^{2-} + O_2\uparrow + 2H_2O$$

因此,实验中要注意对条件的把握,学会分析异常情况。

4) Mn(Ⅶ)的氧化性

$KMnO_4$ 在酸性条件下是强氧化剂,在中性和碱性条件下也具有一定的氧化性,但不同酸性条件下的氧化能力不同,本实验可通过实验现象直观地了解 $KMnO_4$ 的还原产物。

在酸性介质中进行 $KMnO_4$ 的还原反应时,应将 $KMnO_4$ 溶液逐滴加入已酸化的 Na_2SO_3 溶液中,滴加的同时注意振荡试管。如果反向加入,即将 Na_2SO_3 溶液加入酸化的 $KMnO_4$ 溶液中,开始生成的 Mn^{2+} 会被过量的 $KMnO_4$ 氧化为 MnO_2,棕色 MnO_2 沉淀会影响对溶液颜色变化的观察。

5) Mn^{2+} 与 Cr^{3+} 的分离与鉴定

本实验要求学生自己设计实验步骤完成 Mn^{2+} 与 Cr^{3+} 的分离与鉴定,分离通常采用沉淀-溶解的方式,鉴定则需要利用离子的特征鉴定反应,如 Mn^{2+} 需氧化至 MnO_4^-,以溶液出现特征紫色(浓度低时粉红色)来证明 Mn^{2+} 的存在。为实现混合离子的分离,实验步骤中可能涉及氧化、还原、沉淀、溶解等多步操作,需要设计合理的步骤完成相关分离与鉴定。离子分离的路线可能不止一条,合理即可。

3. Fe(Ⅱ)、Co(Ⅱ)、Ni(Ⅱ)氢氧化物的制备与性质

1) $Fe(OH)_2$ 的生成与性质

$Fe(OH)_2$ 具有强还原性,其制备要求与 $Mn(OH)_2$ 类似,溶液需除氧,同时避免制备过程中的震动,吸取 NaOH 的长滴管应插入盛有硫酸亚铁铵溶液的试管底部,慢慢挤出 NaOH 溶液。检验沉淀酸碱性时应使用浓 NaOH。

2) $Co(OH)_2$ 的制备和性质

不要先制备沉淀后再分成三份,直接在三个试管中分别制备一份 $Co(OH)_2$ 沉淀,各取 $CoCl_2$ 溶液 5～10 滴,能观察到实验现象即可。

在 $CoCl_2$ 溶液中滴加 2 mol・L^{-1} 的 NaOH 溶液时,若生成蓝色沉淀[Co(OH)Cl 碱式盐沉淀],可过量加入 NaOH 溶液并加热试管,使其转化为粉红色 $Co(OH)_2$ 沉淀;若现象不明显,可改用 6 mol・L^{-1} 的 NaOH 溶液。

3) $Ni(OH)_2$ 的制备和性质

$Ni(OH)_2$ 的制备和性质要求与 $Co(OH)_2$ 相同。

4. Fe(Ⅲ)、Co(Ⅲ)、Ni(Ⅲ)氢氧化物的制备与性质

Fe(Ⅲ)、Co(Ⅲ)、Ni(Ⅲ)氢氧化物的制备无特殊要求,控制好试剂的加入量。Co(OH)$_3$、Ni(OH)$_3$ 具有较强的氧化性,可将盐酸氧化为氯气,加入盐酸前先将沉淀离心分离,弃去清液后在沉淀上进行。氯气检验见前面要求,注意安全。

5. 铁盐的水解和氧化还原性

用 KMnO$_4$ 检验 Fe^{2+} 的还原性时,需将 KMnO$_4$ 溶液逐滴加入 Fe^{2+} 溶液中并振荡,观察到紫色褪去即可,防止过量 KMnO$_4$ 影响对颜色的观察。

试验 FeCl$_3$ 的水解性可考虑将溶液稀释或加碱调节溶液 pH。

思考: Fe^{3+} 可将 I$^-$ 氧化为 I$_2$,应如何检验 I$_2$ 的生成?

6. 铁、钴、镍的配合物

1)氨配合物

(1) Fe^{3+} 无法与氨水反应得到铁氨配合物,利用这一性质可以分离 Fe^{3+} 与其他金属离子,但生成的 Fe(OH)$_3$ 由于是絮状沉淀,吸附能力强,鉴定时可能需要进行洗涤,避免干扰。

(2) CoCl$_2$ 溶液中加入几滴 NH$_4$Cl 溶液,再加氨水时可能有蓝色的 Co(OH)Cl 碱式盐生成,继续加氨水则沉淀溶解,得到[Co(NH$_3$)$_6$]$^{2+}$,[Co(NH$_3$)$_6$]$^{2+}$ 在空气中不稳定,可继续被氧化,得到[Co(NH$_3$)$_6$]$^{2+}$。

(3) Ni^{2+} 与氨水反应,开始也得到碱式盐沉淀,继续加氨水,得到镍氨配合物。

2)硫氰配合物——Fe^{3+}、Co^{2+} 的鉴定

Fe^{3+} 与 KSCN 反应得到血红色配合物,实验现象明显、灵敏度高,是鉴定 Fe^{3+} 的特征反应之一;但加入更强的配位剂 NH$_4$F 时会形成[FeF$_6$]$^{3-}$,导致红色褪去。

鉴定 Co^{2+} 时应充分振荡盛有 CoCl$_2$ 溶液、KSCN 及丙酮的试管,使生成的[Co(SCN)$_4$]$^{2-}$ 溶于丙酮而显蓝色。

7. Fe^{2+}、Fe^{3+}、Ni^{2+} 的鉴定

(1) Fe^{2+} 的鉴定。Fe^{2+} 与 K$_3$[Fe(CN)$_6$](赤血盐)反应,得到蓝色沉淀(滕氏蓝)。

$$x\,Fe^{2+} + xK^+ + x\,[Fe(CN)_6]^{3-} = [KFe(CN)_6Fe]_x$$

(2) Fe^{3+} 的鉴定。Fe^{2+} 与 K$_4$[Fe(CN)$_6$](黄血盐)反应,得到蓝色沉淀(普鲁士蓝)。

$$x\,Fe^{3+} + xK^+ + x\,[Fe(CN)_6]^{4-} = [KFe(CN)_6Fe]_x$$

滕氏蓝与普鲁士蓝组成相同。

(3) Ni^{2+} 的鉴定。Ni^{2+} 与丁二酮肟在碱性条件下反应得到红色螯合物沉淀是鉴定 Ni^{2+} 的特征反应。

三、实验记录和报告

本实验项目多,实验记录时不必写步骤,只需标明实验序号并记录实验现象即可,单个实验的内容较多时可以用简单线图辅助记录;不必分析产生实验现象的原因,此项工作在实验报告中进行。

实验报告可参考实验教材第 4 页性质实验报告格式。

四、问题与讨论

(1) 为什么 $CrCl_3$ 水溶液会呈现不同的颜色?

Cr^{3+} 具有很强的配位能力,可以与 Cl^-、H_2O 等形成多种结构的配合物,如 $CrCl_3 \cdot 6H_2O$ 的配合物有三种异构体,分别为 $[CrCl_2(H_2O)_4]Cl \cdot 2H_2O$、$[CrCl(H_2O)_5]Cl_2 \cdot H_2O$ 和 $[Cr(H_2O)_6]Cl_3$,颜色分别为绿色、蓝绿和紫色,刚配制的溶液为绿色,随着时间推移,H_2O 逐渐取代 Cl^-,得到 $[Cr(H_2O)_6]^{3+}$,溶液呈紫色。

(2) $Cr(III)$ 还原性实验中,H_2O_2 的作用和使用时应注意哪些问题?

在 $Cr(III)$ 的还原性实验中,H_2O_2 分别在两个阶段起作用:①在碱性条件下将 $Cr(III)$ 氧化为 CrO_4^{2-},反应为 $2CrO_2^- + 3H_2O_2 + 2OH^- \rightleftharpoons 2CrO_4^{2-} + 4H_2O$;②在酸性条件下将 $Cr_2O_7^{2-}$ 氧化为 CrO_5,反应为 $Cr_2O_7^{2-} + 4H_2O_2 + 2H^+ \rightleftharpoons CrO_5 + 5H_2O$。因此,$H_2O_2$ 的加入应足量,否则无法观察到第二步反应;同时,含有 $CrCl_3$ 和 $NaOH$ 的溶液中加入 H_2O_2 并微热时,注意温度不要超过 40 ℃,黄色出现即可停止加热,否则易引起 H_2O_2 分解。

用 HNO_3 酸化时如果看不到乙醚层蓝色的出现,可补加几滴 H_2O_2。此外,HNO_3 应逐滴加入并振荡,加入 HNO_3 过少时溶液酸度不够,难以将 $Cr_2O_7^{2-}$ 氧化为 CrO_5;但 HNO_3 加入过多,$Cr_2O_7^{2-}$ 又可将 H_2O_2 氧化,自身被还原为 Cr^{3+}。因此,HNO_3 应逐滴加入并振荡,观察到乙醚层的蓝色出现即可。

(王金刚编写)

实验 17 混合离子的分离与检出

一、实 验 提 要

本实验是要求学生在熟练掌握离子性质的基础上,自行设计方案,通过实验完成混合离子的分离与鉴定。为保证学生顺利完成实验工作,此类实验进行前通常会由指导教师给出参考方案,同时鼓励学生个人设计合理的方案。在实验成绩的评定方面,个人设计并完成实验的同学将会与依照参考方案完成的同学有一定差别。

离子分离最有效的手段是沉淀分离,沉淀溶解则可以采用酸碱溶解、配位溶解等多种手段。离子鉴定反应大多是在水溶液中进行的离子反应,选择那些迅速而变化明显的反应,如溶液颜色的改变,沉淀的生成或溶解、气体的产生等;还要考虑反应的灵敏性和选择性。

1. 常见阳离子的分离与鉴定

完整且经典的阳离子分组法是硫化氢系统分组法,根据硫化物的溶解度不同将阳离子分成五组。此方法的优点是系统性强,分离方法比较严密;不足之处是试剂组 H_2S、$(NH_4)_2S$ 有臭味并有毒,分析步骤也比较复杂。

在分析已知混合阳离子体系时,如果能用别的方法分离干扰离子,则最好不用或少用硫化氢系统。常用的非硫化氢系统的离子分离方法主要是利用氯化物、硫酸盐是否沉淀,氢氧化物是否具有两性,以及它们能否生成氨配合物等。

绝大多数金属的氯化物易溶于水,只有 $AgCl$、Hg_2Cl_2、$PbCl_2$ 难溶;$AgCl$ 可溶于 $NH_3 \cdot H_2O$;$PbCl_2$ 的溶解度较大,并易溶于热水。

绝大多数硫酸盐易溶于水,只有 Ca^{2+}、Sr^{2+}、Ba^{2+}、Pb^{2+}、Hg_2^{2+} 的硫酸盐难溶于水;$CaSO_4$ 的溶解度较大,只有当 Ca^{2+} 浓度很大时才析出沉淀;$PbSO_4$ 可溶于 NH_4Ac。

能形成两性氢氧化物的金属离子有 Al^{3+}、Cr^{3+}、Zn^{2+}、Pb^{2+}、Sb^{3+}、Sn^{2+}、Sn^{4+}、Cu^{2+};在这些离子的溶液中加入适量 $NaOH$ 时,出现相应的氢氧化物沉淀;过量 $NaOH$ 则生成多羟基配离子。

除 Ag^+、Hg^{2+}、Hg_2^{2+} 离子加入 $NaOH$ 后生成氧化物沉淀外,其余均生成相应的氢氧化物沉淀。

在 Ag^+、Cu^{2+}、Cd^{2+}、Zn^{2+}、Co^{2+}、Ni^{2+} 溶液中加入适量 $NH_3 \cdot H_2O$ 时,形成相应的碱式盐或氢氧化物(Ag^+ 形成氧化物)沉淀,它们全都溶于过量 $NH_3 \cdot H_2O$,生成相应的氨配离子。

其他的金属离子,除 $HgCl_2$ 生成 $HgNH_2Cl$,Hg_2Cl_2 生成 $HgNH_2Cl$ 和 Hg 外,绝大多数在加入氨水时生成相应的氢氧化物沉淀,并且不溶于过量 $NH_3 \cdot H_2O$。

2. 常见阴离子的分离与鉴定

由于阴离子间的相互干扰较少,实际上许多离子共存的机会也较少,因此大多数阴离子分析一般都采用分别分析的方法,只有少数相互有干扰的离子才采用系统分析法。

1)用 pH 试纸测试未知试液的酸碱性

如果溶液呈酸性,哪些离子不可能存在? 如果试液呈碱性或中性,可取试液数滴,用硫酸或盐酸酸化并水浴加热。若无气体产生,表示 CO_3^{2-}、NO_2^-、S^{2-}、SO_3^{2-}、$S_2O_3^{2-}$ 等离子不存在;如果有气体产生,则可根据气体的颜色、臭味和性质初步判断哪些阴离子可能存在。

2)钡组阴离子的检验

在离心试管中加入几滴未知液,加入 1~2 滴 1 mol · L^{-1} BaCl$_2$ 溶液,观察有无沉淀产生。如果有白色沉淀产生,可能有 SO_4^{2-}、SO_3^{2-}、PO_4^{3-}、CO_3^{2-} 等离子($S_2O_3^{2-}$ 的浓度大时才会产生 BaS_2O_3 沉淀)。离心分离,在沉淀中加入数滴 $6\ mol \cdot L^{-1}$ 盐酸,根据沉淀是否溶解,进一步判断哪些离子可能存在。

3)银盐组阴离子的检验

取几滴未知液,滴加 $0.1\ mol \cdot L^{-1}$ $AgNO_3$ 溶液。如果立即生成黑色沉淀,表示有 S^{2-} 存在;如果生成白色沉淀,迅速变黄变棕变黑,则有 $S_2O_3^{2-}$。但 $S_2O_3^{2-}$ 浓度大时,也可能生成 $[Ag(S_2O_3)_2]^{3-}$ 不析出沉淀。

Cl^-、Br^-、I^-、CO_3^{2-}、PO_4^{3-} 都与 Ag^+ 形成浅色沉淀,如有黑色沉淀,则它们有可能被掩盖。离心分离,在沉淀中加入 $6\ mol \cdot L^{-1}$ 硝酸,必要时加热。若沉淀不溶或只发生部分溶解,则表示有可能 Cl^-、Br^-、I^- 存在。

4)氧化性阴离子检验

取几滴未知液,用稀硫酸酸化,加 $5\sim6$ 滴 CCl_4,再加入几滴 $0.1\ mol \cdot L^{-1}$ KI 溶液。振荡后,CCl_4 层呈紫色,说明有 NO_2^- 存在(若溶液中有 SO_3^{2-} 等,酸化后 NO_2^- 先与它们反应而不一定氧化 I^-,CCl_4 层无紫色不能说明无 NO_2^-)。

5)还原性阴离子检验

取几滴未知液,用稀硫酸酸化,然后加入 $1\sim2$ 滴 $0.01\ mol \cdot L^{-1}$ $KMnO_4$ 溶液。若 $KMnO_4$ 的紫红色褪去,表示可能存在 SO_3^{2-}、$S_2O_3^{2-}$ 等离子。

二、实 验 内 容

1. 阳离子分离与鉴定

1)Cu^{2+}、Ag^+、Pb^{2+}、Bi^{3+}

参考方案如下:

涉及主要反应:

$$Ag^+ + Cl^- =\!=\!= AgCl \downarrow$$

$$Pb^{2+} + 2Cl^- =\!=\!= PbCl_2 \downarrow (热水溶解)$$

$$Pb^{2+} + CrO_4^{2-} =\!=\!= PbCrO_4 \downarrow (黄色)$$

$$AgCl + 2NH_3 \cdot H_2O =\!=\!= [Ag(NH_3)_2]Cl + 2H_2O$$

$$Bi^{3+} + 3OH^- =\!=\!= Bi(OH)_3 \downarrow$$

$$Cu^{2+} + 2OH^- =\!=\!= Cu(OH)_2 \downarrow$$

$$Cu(OH)_2 + 2OH^- =\!=\!= [Cu(OH)_4]^{2-}$$

$$[Cu(OH)_4]^{2-} + 4H^+ =\!=\!= Cu^{2+} + 4H_2O$$

$$2Bi^{3+} + 3[Sn(OH)_4]^{2-} + 6OH^- =\!=\!= 2Bi + 3[Sn(OH)_6]^{2-}$$

$$2Cu^{2+} + [Fe(CN)_6]^{4-} =\!=\!= Cu_2[Fe(CN)_6] \downarrow (红棕色)$$

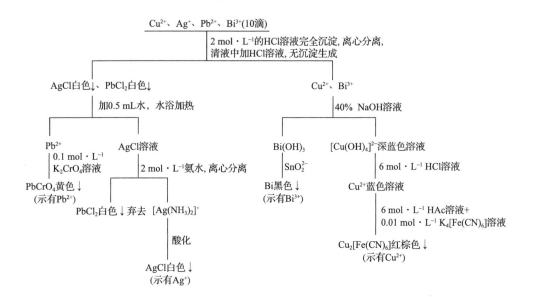

2) Fe^{3+}、Ni^{2+}、Cr^{3+}、Zn^{2+}

参考方案如下：

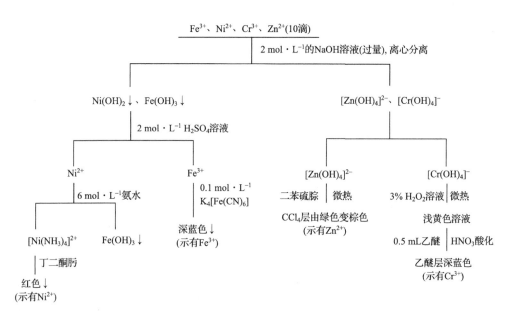

涉及主要反应：

$$Fe^{3+} + 3OH^- = Fe(OH)_3 \downarrow$$

$$Ni^{2+} + 2OH^- = Ni(OH)_2 \downarrow （苹果绿沉淀）$$

$$Zn^{2+} + 4OH^- = [Zn(OH)_4]^{2-}$$

$$Cr^{3+} + 4OH^- = [Cr(OH)_4]^-$$

$$xFe^{3+} + xK^+ + x[Fe(CN)_6]^{4-} = [KFe(CN)_6Fe]_x \downarrow （蓝色沉淀）$$

$$Ni^{2+} + 4NH_3 \cdot H_2O = [Ni(NH_3)_4]^{2+} + 4H_2O$$

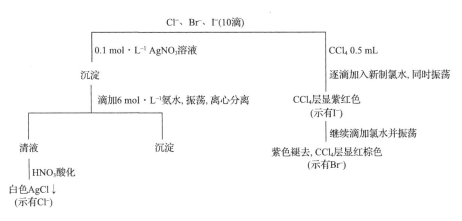

2. 阴离子分离与鉴定

1) Cl^-、Br^-、I^-

参考方案如下：

涉及主要反应：

$$Ag^+ + Cl^- = AgCl \downarrow$$

$$Ag^+ + Br^- = AgBr \downarrow$$

$$Ag^+ + I^- = AgI \downarrow$$

$$AgCl + 2NH_3 \cdot H_2O = [Ag(NH_3)_2]^+ + Cl^- + 2H_2O$$
$$Cl_2 + 2I^- = I_2 + 2Cl^-$$
$$I_2 + 5Cl_2 + 6H_2O = 2IO_3^- + 10Cl^- + 12H^+$$
$$Cl_2 + 2Br^- = Br_2 + 2Cl^-$$

2）CO_3^{2-}、PO_4^{3-}、SO_4^{2-}

参考方案如下：

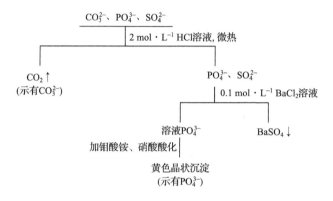

涉及主要反应：

$$12MoO_4^{2-} + HPO_4^{2-} + 3NH_4^+ + 23H^+ = (NH_4)_3PO_4 \cdot 12MoO_3 \cdot 6H_2O \downarrow (黄色) + 6H_2O$$
$$CO_3^{2-} + 2H^+ = CO_2 \uparrow + H_2O$$
$$SO_4^{2-} + Ba^{2+} = BaSO_4 \downarrow$$

三、实验记录和报告

学生进入实验室前应事先设计实验方案，预留空间用以记录实验现象（最好用两种颜色加以区分）。

实验报告可参考本实验的"实验内容"部分的格式，画出分离与鉴定实验流程，写出所涉及的主要实验方程，得出鉴定结论。

（王金刚编写）

实验 18　离子鉴定和未知物鉴别

元素化学是无机化学的中心内容，学好元素化学，必须熟练掌握元素所对应单质及化合物的性质，熟悉其相互反应和转化的条件。能否合理设计方案鉴定未知离子或其他化合物是检验元素化学部分学习状况的有效手段。本实验所给几组试剂在外观上通常难以分别，需要学生根据实验要求，自行设计实验方案完成离子鉴定和未知物的鉴别,同时做好预案,在初始方案不能完成鉴定的情况下能及时调整,顺利完成实验内容。

在进行物质鉴别时,除利用其特殊性质和特征反应外,还应注意采取更为环保的方式,尽量避免或减少有毒气体的排放。取用待测物或检测试剂时,用量能满足检验即可,避免浪费和污染。

一、实 验 提 要

1. 物质的检验方法与技巧

1) 物质检验的类型

物质的检验包括鉴定、鉴别和推断等类型。

鉴定是根据一种物质的特性,用化学方法检验是不是该种物质。若是离子化合物,则可通过溶液中的反应检验其阳离子或阴离子。

鉴别是根据几种物质的不同特性,通过水溶性、酸碱性、化学反应等区别它们各是什么物质(本次实验均为鉴别实验)。

推断是根据已知实验步骤和实验现象,运用物质特性进行分析,通过推理,判断被检验的样品是什么物质,或样品中含有什么物质、不含什么物质等。

2) 物质的检验方法

物质的检验一般包括取样、操作、现象和结论四个部分。

(1)"先取样,后操作"。如果样品是固体,一般先用水溶解,配成溶液后再检验。

(2)要"各取少量溶液分别加入几支试管中"进行检验,不得在原试剂瓶中进行检验。

(3)要"先现象,后结论"。例如,向 Na_2CO_3 溶液中滴加盐酸,所观察到的现象应记录为"有气泡产生"或"有无色气体放出",不能说成"放出二氧化碳"或"有无色二氧化碳气体放出"。

常见离子和化合物的颜色见实验教材附录 19,常见阴、阳离子的鉴定方法见实验教材附录 20。

2. 鉴别实验要求

1) 课前准备与实验记录

课前完成实验的设计并书写在实验记录上,记录纸留出空白位置以记录实验现象。

2) 试剂摆放与取用

本实验待鉴别样品以及所使用试剂种类较多,需分类按组摆放,如待鉴别试剂上表明"第一组①号"、"第一组②号"等,试剂及待鉴别样品用完后及时归位,避免混乱。

二、试　剂

根据实验前言所确定的原则,实验尽可能避免氯气等有毒气体的产生,试剂准备也进行相应调整,建议准备以下试剂。

HCl 溶液($2 \ mol \cdot L^{-1}$ 和 $6 \ mol \cdot L^{-1}$),H_2SO_4 溶液($2 \ mol \cdot L^{-1}$),HNO_3 溶液($2 \ mol \cdot L^{-1}$),NaOH 溶液($2 \ mol \cdot L^{-1}$ 和 $6 \ mol \cdot L^{-1}$),$NH_3 \cdot H_2O$ 溶液($2 \ mol \cdot L^{-1}$ 和 $6 \ mol \cdot L^{-1}$),$MnSO_4$ 溶液($0.1 \ mol \cdot L^{-1}$),Na_2S 溶液($0.1 \ mol \cdot L^{-1}$),KBr 溶液($0.1 \ mol \cdot L^{-1}$),K_2CrO_4 溶液($0.1 \ mol \cdot L^{-1}$),Na_2SO_3 溶液($0.1 \ mol \cdot L^{-1}$),乙二酸,乙醚。

其他:pH 试纸。

三、实　验　指　导

1. 鉴别三种黑色或接近于黑色的氧化物:CuO、MnO_2、PbO_2

本实验所要鉴定的三种物质氧化性有差别,选用合适的物质检验其氧化性差异比较简单,但不建议与 Cl^- 反应释放有毒的氯气,若要使用此方法,需控制好试剂用量并在通风橱中进行实验。此外,实验过程中,在保证实验现象的基础上尽量取用少量试剂,如米粒大小,可用药匙的柄端铲取。

如果单纯通过还原依然不能区别氧化物,可以进一步利用被还原产物的其他性质进行检验,如与 Na_2S 反应产生特殊颜色的沉淀。

2. 试用一种试剂区分下列阳离子:Cu^{2+}、Zn^{2+}、Cd^{2+}、Co^{2+}、Fe^{3+}、Hg^{2+}

本实验可用试剂范围较窄,同学们可积极思考。

3. 不借用其他化学试剂(水、pH 试纸除外)鉴别物质

(1) 四种白色固体:$SnCl_2$、$BaCl_2$、Na_2CO_3、NaCl。

本组试剂检验较为简单,借助水溶性以及相互间的反应可以较容易地鉴别,注意试剂的使用量,在试管内少量溶解即可。

(2) 五种试剂溶液:稀 HNO_3、稀 H_2SO_4、$BiCl_3$、$BaCl_2$、Na_2SO_4。

利用 pH 试纸以及相互间的反应现象可以较容易地区分。

4. 鉴别试剂瓶标签被腐蚀的六种硝酸盐溶液

$AgNO_3$、KNO_3、$Pb(NO_3)_2$、$Zn(NO_3)_2$、$Hg(NO_3)_2$、$Al(NO_3)_3$。

本组试剂可选方案较多,如与 CrO_4^{2-} 反应时沉淀的不同、与适量氨水以及过量氨水(可使用不同浓度氨水)反应的不同、氢氧化物的两性、硫化物的颜色等,同学们

可以利用所给试剂,选择更为合理的实验方案。

从以上分析可以看出,本实验的鉴别难度不大,同学们完全可以运用所学知识独立完成方案设计和实验检验。

此外,完全进行本实验所需准备的待检测样品和所用试剂较多,准备实验难度较大,多组试剂在实验过程中也容易发生混乱。因此,建议将实验内容划分为两部分,实验时选择一组即可。

第一组:

(1) 鉴别三种黑色或接近于黑色的氧化物:CuO、MnO_2、PbO_2。

(2) 不借用其他化学试剂(水、pH 试纸除外)鉴别下列四种白色固体:$SnCl_2$、$BaCl_2$、Na_2CO_3、$NaCl$。

(3) 盛有下列六种硝酸盐溶液的试剂瓶标签被腐蚀,试加以鉴别:

$AgNO_3$、KNO_3、$Pb(NO_3)_2$、$Zn(NO_3)_2$、$Hg(NO_3)_2$、$Al(NO_3)_3$。

[简化版:$AgNO_3$、$Pb(NO_3)_2$、$Zn(NO_3)_2$、$Al(NO_3)_3$]

第二组:

(1) 试用一种试剂区分下列阳离子:Cu^{2+}、Zn^{2+}、Cd^{2+}、Co^{2+}、Fe^{3+}、Hg^{2+}。

(2) 不借用其他化学试剂(水、pH 试纸除外)鉴别下列五种液体试剂:稀 HNO_3、稀 H_2SO_4、$BiCl_3$、$BaCl_2$、Na_2SO_4。

(3) 盛有下列六种硝酸盐溶液的试剂瓶标签被腐蚀,试加以鉴别:

$AgNO_3$、KNO_3、$Pb(NO_3)_2$、$Zn(NO_3)_2$、$Hg(NO_3)_2$、$Al(NO_3)_3$。

[简化版:$AgNO_3$、$Pb(NO_3)_2$、$Zn(NO_3)_2$、$Al(NO_3)_3$]

四、实验记录和报告

学生进入实验室前应事先设计实验方案,预留空白用以记录实验现象(最好用两种颜色加以区分)。

实验报告中完整记录实验设计方案、实验现象,对实验结果做出判断(某组某号试剂是什么),书写反应方程式。

五、部分实验参考方案

本实验为设计型实验,鼓励学生根据所学知识设计合理的实验方案对几种外观相似的物质进行鉴别,为防止部分基础较弱的学生不能顺利完成实验,在此对部分实验提供参考设计方案,但在成绩评定时,个人设计并顺利完成实验的学生与按照参考方案完成的实验的学生应有所区别。

部分实验参考方案如下:

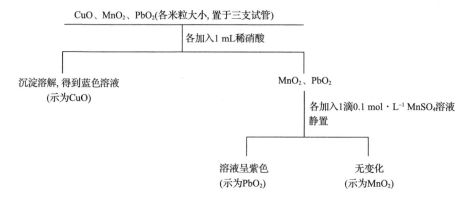

涉及主要反应：

$$CuO + 2H^+ \!\!=\!\!=\!\! Cu^{2+}（蓝色）+ H_2O$$
$$5PbO_2 + 2Mn^{2+} + 4H^+ \!\!=\!\!=\!\! 5Pb^{2+} + 2MnO_4^-（紫色）+ 2H_2O$$

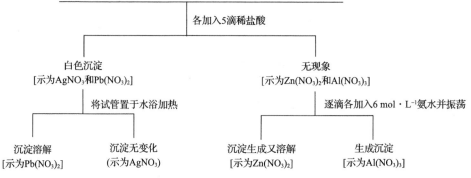

涉及主要反应：

$$Ag^+ + Cl^- \!\!=\!\!=\!\! AgCl\downarrow$$
$$Pb^{2+} + 2Cl^- \!\!=\!\!=\!\! PbCl_2\downarrow$$
$$Zn^{2+} + 2NH_3 \cdot H_2O \!\!=\!\!=\!\! Zn(OH)_2\downarrow + 2NH_4^+$$
$$Zn(OH)_2 + 4NH_3 \!\!=\!\!=\!\! [Zn(NH_3)_4]^{2+} + 2OH^-$$
$$Al^{3+} + 3NH_3 \cdot H_2O \!\!=\!\!=\!\! Al(OH)_3\downarrow + 3NH_4^+$$

（王金刚编写）

实验 19　碱灰中总碱度的测定

一、预习提要

本实验是在学习了溶液配制和滴定分析操作的基础上,练习标准溶液的标定以及混合碱(碱灰中碱性物质主要是 Na_2CO_3,还有少量 NaOH 和 $NaHCO_3$)总碱度测定,继续巩固有关酸碱滴定的知识和实验操作。

在进行本实验之前,通过预习回答下列问题:

(1) 考虑称量误差,硼砂和 Na_2CO_3 哪个更适宜用于标定 HCl 溶液?

(2) 实际工作中,常用纯碱(Na_2CO_3)而不是用摩尔质量更大的硼砂作为标定 HCl 溶液的基准试剂,其原因是什么?

(3) 用待测的 HCl 溶液滴定基准 Na_2CO_3 溶液时,反应过程存在两个化学计量点,通常选择哪个化学计量点、选用什么指示剂?

(4) 配制 Na_2CO_3 基准试剂溶液时,应根据配制溶液的体积和浓度准确称量 Na_2CO_3 质量,还是根据准确称量的 Na_2CO_3 质量以及配制的体积重新计算浓度?

二、实验指导

本实验涉及滴定实验中最常用的两项操作:溶液配制以及滴定操作。因此,同学们应把前期做过的“溶液配制”和“滴定操作练习”两个实验进行认真总结,避免操作错误。

本实验分两部分:一是 HCl 标准溶液的配制和标定;二是用标定后的 HCl 标准溶液测定碱灰的总碱度。

1. 0.1 mol·L^{-1} HCl 标准溶液的标定

前面“溶液的配制”实验已经做过练习,HCl 本身是非基准试剂,无法直接配制准确浓度溶液,应先大致配成浓度约为 0.1 mol·L^{-1} 的溶液,再进行标定。

思考:配制 HCl 标准溶液时,用什么量取 HCl? 用什么定容? 溶液配好后如何处理?

由于 HCl 是非基准液体试剂,用量筒量取相应体积即可。同样,在 HCl 溶液定容时也无需使用容量瓶,用烧杯配成大致体积即可,但配制后的溶液应及时转移至试剂瓶,然后进行标定操作,防止试剂被污染。实验中经常发现不少同学在溶液配制完成后未转移至试剂瓶,而是直接在烧杯中取用;或者在标定完成后才转移至试剂瓶,这两种错误都应避免。

标定 HCl 溶液的基准试剂通常采用 Na_2CO_3 固体而非摩尔质量更大的硼砂,因为基准 Na_2CO_3 固体不含结晶水,在一定温度烘干并妥善保存后即可直接取用,非常方便。但使用 Na_2CO_3 作基准试剂时应注意终点的把握,通常选择第二化学计量点,以甲基橙为指示剂。

进行一次平行滴定实验(一般平行滴定 3～5 次,每次消耗溶液 25.00 mL)加上润洗等操作的消耗,1 名同学需配制 250 mL 基准试剂溶液。应选择 250 mL 容量瓶作为定容工具,在用分析天平准确称量固体并在小烧杯中溶解后,转移、定容至 250 mL 容量瓶。具体操作过程参阅"溶液的配制"实验。

常见错误:有的同学在配制 Na_2CO_3 溶液时,先设定浓度为 0.050 00 mol·L^{-1},再根据这个浓度和要求体积去准确称量固体,这样操作既困难又毫无必要,应根据计算值称取近似质量(应用分析天平准确称量,精确至小数点后 4 位),再根据所配体积准确计算所配制溶液的实际浓度。

标定过程按照"滴定分析操作练习"实验要求进行,一般平行滴定 3～5 次,如果平行结果较差,可增加滴定次数。

Na_2CO_3 建议量:差减法准确称取 1.1～1.6 g,溶解后定容至 250 mL 容量瓶。

2. 试样总碱度的测定

碱灰溶液的配制也应像基准溶液的配制要求一样,用分析天平准确称取,最后用容量瓶定容。用上述已经标定的 HCl 溶液滴定碱灰,平行滴定 3～5 次,根据结果计算总碱度。

碱灰建议量:差减法准确称取 1.3～1.8 g,溶解后定容至 250 mL 容量瓶。

三、实验记录和报告

实验记录可参照实验教材表 3-26 和表 3-27 进行绘制,直接将滴定结果填写到表格中即可。建议格式如下所示。

实验报告的主要内容参照实验教材表 3-26 和表 3-27 书写。

HCl 标准滴定溶液浓度的标定

Na_2CO_3 质量/g			Na_2CO_3 浓度/(mol·L^{-1})		
次数 项目	1	2	3	4	5
V_{NaOH}/mL	25.00	25.00	25.00	25.00	25.00
V_{HCl}/mL					

四、问题与讨论

(1) 以 Na_2CO_3 为基准试剂标定 HCl 溶液时,为什么选择第二化学计量点? 滴定时应注意什么?

H_2CO_3 的 K_{a_1} 和 K_{a_2} 分别为 4.2×10^{-7} 和 5.6×10^{-11}，两者相差不足 10^4，而且 HCO_3^- 又有较大的缓冲作用，第一化学计量点变色不明显，应选择第二化学计量点，以甲基橙作指示剂。但由于 K_{a_2} 不够大，而且溶液中 CO_3^{2-} 过多，酸度增加，易使终点提前，因此快到终点时应剧烈振摇溶液。

（2）称量碱灰以及配制碱灰溶液有什么要求？

本实验要求准确滴定碱灰的总碱度，碱灰的称量和溶液的配制必须准确，需用分析天平准确称量，最后用容量瓶准确定容体积。

（王金刚编写）

实验 20　甲醛法测定氮肥中氮的含量

一、预 习 提 要

甲醛法适用于氮肥中铵态氮含量的测定，方法简便易行，在生产中实际应用较广。铵根离子和甲醛反应生成质子化六次甲基四胺盐 $(CH_2)_6N_4H^+$ 和 H^+，可以用 NaOH 标准溶液进行滴定，以酚酞作指示剂，滴定至溶液呈现稳定的微红色，即为终点。

进行本实验之前，请认真预习实验教材，完成以下问题：

（1）铵盐中氮的测定为何不采用 NaOH 溶液直接滴定？

（2）在加甲醛之前，为何先用 NaOH 溶液中和 $(NH_4)_2SO_4$ 溶液？

（3）用 NaOH 溶液中和 $(NH_4)_2SO_4$ 溶液和用 NaOH 溶液滴定铵根离子与甲醛反应产物过程中分别用什么指示剂？

二、实 验 指 导

为了顺利完成本实验，要求同学们在实验前充分了解不同指示剂的变色范围和颜色变化情况，准确判断滴定终点，以保证实验顺利完成。

1. $0.1\ mol \cdot L^{-1}$ NaOH 标准溶液的配制及标定

用电子秤称取适量 NaOH 固体，加水溶解后转移到 500 mL 塑料瓶中，摇匀。

用分析天平准确称取 $2.0 \sim 3.0$ g 邻苯二甲酸氢钾，溶解并定容至 250 mL 容量瓶中。用移液管量取 25.00 mL 邻苯二甲酸氢钾溶液加入到锥形瓶中，滴加 2 滴酚酞指示剂，用待标定的 NaOH 溶液滴定至呈微红色且半分钟不褪色，即为终点。平行滴定三次，计算 NaOH 溶液的准确浓度。

2. $(NH_4)_2SO_4$ 试样中氮含量的测定

用分析天平准确称取 $(NH_4)_2SO_4$ 试样 1.5~2 g 于 100 mL 烧杯中,加入少量蒸馏水溶解,然后把溶液定量转移至 250 mL 容量瓶中,用蒸馏水稀释至刻度,摇匀。

用 25 mL 移液管移取 3 份试液分别置于 3 个 250 mL 锥形瓶中,加入 1~2 滴甲基红指示剂,用 0.1 mol·L^{-1} NaOH 标准溶液中和至溶液呈黄色。加入 10 mL(1+1)甲醛溶液,再加 1~2 滴酚酞指示剂,充分摇匀,放置 1 min 后,用 NaOH 标准溶液滴定至溶液呈微红色,且半分钟不褪色即为滴定终点,记录消耗 NaOH 标准溶液的体积。平行滴定三次,计算试样中氮的含量。

注意:甲醛有毒,为了防止吸入甲醛,取用甲醛溶液时应在通风橱中进行。

提醒:铵盐与甲醛的反应在室温下进行较慢,加甲醛后,需要放置 1 min,使其完全反应后再继续滴定。

常见错误:铵盐中含有游离酸,应事先中和除去,先加入甲基红指示剂而不是酚酞指示剂,然后用 NaOH 标准溶液调节溶液呈黄色。

三、实验记录和报告

1. 实验记录

本实验重点在于记录实验过程中的称取试剂质量、溶液配制体积及滴定过程中的试剂用量等数据。

2. 实验报告

实验报告可参考实验 19(碱灰中总碱度的测定),数据记录采用表格形式,简明扼要。

四、问题与讨论

NH_4HCO_3 中含氮量的测定,能否用甲醛法?

NH_4HCO_3 中含氮量的测定不能用甲醛法,因用 NaOH 溶液滴定时,HCO_3^- 中的 H^+ 同时被滴定,所以不能用甲醛法测定。

（徐波编写）

实验 21 EDTA 标准滴定溶液的配制和标定

一、预 习 提 要

本实验主要进行配位滴定操作训练,巩固配位平衡的相关理论以及配位滴定的相关知识和要求。

配位滴定是滴定反应理论应用较为复杂的一种,涉及 pH 控制、指示剂选择、掩蔽等多方面理论知识。本实验所涉及体系比较简单,通过本实验可以对配位滴定有初步的了解。

进行实验以前,通过相关理论的学习和本实验的预习,回答下列问题:

(1) 配制 EDTA 溶液的乙二胺四乙酸二钠盐是否是基准试剂? 应如何配制 EDTA 标准溶液?

(2) 用铬黑 T 作指示剂时,其适用 pH 为多少? 是如何确定的?

(3) 用铬黑 T 作指示剂时,滴定终点前后溶液的颜色应呈现什么变化?

(4) 用 Ca^{2+} 基准溶液标定 EDTA 时,为什么用 NH_3-NH_4Cl 溶液控制 pH 约为 10?

(5) 用 $CaCO_3$ 为基准试剂标定 EDTA 时,$CaCO_3$ 的溶解要求先用少量水润湿,再盖上表面皿,从烧杯嘴处滴加盐酸溶解,这样要求的目的是什么? 溶解完毕,表面皿应进行什么处理?

(6) 用 Ca^{2+} 基准溶液标定 EDTA 时,加入 Mg^{2+}-EDTA 溶液的目的是什么?

(7) 滴定时,先加 1 滴甲基红,再用氨水调节溶液由红变黄的目的是什么?

(8) 如果使用金属锌作基准物质,称量前金属锌应做什么处理?

二、实 验 指 导

本实验内容主要分为三部分:①EDTA 溶液的配制;②基准溶液的配制(Zn^{2+} 或 Ca^{2+});③EDTA 溶液的标定。

1. 0.01 mol·L^{-1} EDTA 溶液的配制

用以配制 EDTA 溶液的乙二胺四乙酸二钠盐通常含有少量杂质,不能直接配制成准确浓度的标准溶液,需先配成近似浓度的溶液(用什么仪器称量、什么仪器定容?),转移至试剂瓶后,再用基准试剂溶液标定。注意,EDTA 溶液长时间储存时应使用塑料瓶,防止 EDTA 与玻璃中的一些金属离子反应。

2. 基准溶液的配制

准确称量 $CaCO_3$ 或金属 Zn 基准试剂,按要求加盐酸溶解后再转移、定容至容量瓶中。使用 $CaCO_3$ 为基准试剂时,应注意先用少量水润湿、烧杯口盖上表面皿(凸面向下,这样放置的作用是什么?)后再滴加酸溶解,防止大量生成 CO_2 时导致 $CaCO_3$ 迸溅损失,转移溶液后冲洗烧杯时注意将表面皿凸面一起冲洗。使用金属 Zn 为基准试剂时,由于 Zn 表面有一层氧化膜,应先用砂纸打磨,或用盐酸溶解氧化膜后再依次用水、有机溶剂冲洗,然后烘干使用。

3. EDTA 的标定

用什么滴定管盛装 EDTA 溶液? 一些同学通常会想当然地认为钠盐为碱性物质,应使用碱式滴定管,其实 EDTA 溶液的 pH 通常在 $4\sim5$,属弱酸性物质,适宜使用酸式滴定管,虽然存在 EDTA 与玻璃中的一些金属离子发生反应的可能性,但短期滴定不会产生明显影响,滴定结束后应及时清洗滴定管。

滴定 EDTA 时,使用不同的指示剂,滴定条件也会不同,因此要了解不同指示剂的适用条件。例如,铬黑 T 只有在 pH$=6.3\sim11.6$ 时,其自身颜色与铬黑 T-金属离子配合物的颜色才会有显著差别,而其实际适用酸度范围为 pH$=9\sim10.5$;结合 Ca^{2+} 与 EDTA 配位的适宜 pH 条件(一般选择大于 8,见酸效应曲线),所以进行滴定反应时需用 NH_3-NH_4Cl 缓冲溶液调节 pH 在 10 左右。

加入 1 滴甲基红,用氨水调节 Ca^{2+} 或 Zn^{2+} 基准溶液由红变黄的原因:Ca^{2+} 或 Zn^{2+} 基准溶液是由基准试剂 $CaCO_3$ 或高纯 Zn 加盐酸溶解而来,酸过量较多,直接加 NH_3-NH_4Cl 缓冲溶液往往难以达到预期 pH,甲基红的变色范围是 pH$=4.0\sim6.2$,由红—橙—黄变化,加氨水调节至溶液至黄色时,溶液接近中性,再加 NH_3-NH_4Cl 缓冲溶液即可调整 pH 至所需范围。

以 Ca^{2+} 基准溶液标定 EDTA(Y^{4-} 表示)时先加入少量 Mg^{2+}-EDTA 溶液的原因:①灵敏度,铬黑 T(In^{3-} 表示)与 Mg^{2+} 显色灵敏,而与 Ca^{2+} 显色灵敏度较差;②稳定性,$CaY^{2-}>MgY^{2-}>MgIn^->CaIn^-$,先加入 MgY^{2-},则 $MgY^{2-}+Ca^{2+}\longrightarrow CaY^{2-}+Mg^{2+}$,$Mg^{2+}+In^{3-}\longrightarrow MgIn^-$(酒红色),终点前,EDTA 夺取 Mg^{2+},游离出 In^{3-}(蓝色);③滴定前加入的 MgY^{2-} 和最后生成的 MgY^{2-} 等量,不影响结果。

滴定过程中颜色变化:在给定的 pH 条件下,铬黑 T 自身颜色为蓝色,其与金属离子结合后显红色(类似红葡萄酒的颜色),因此滴定过程中溶液颜色变化为红色—蓝紫—蓝色,当溶液开始呈现蓝紫色时,预示终点即将到达,需要每加一滴 EDTA 都要充分振荡,以防滴定过量。当加入的铬黑 T 指示剂适量时,终点时溶液颜色为亮蓝色(指示剂量不同,颜色深浅会有差别,应注意每次加入指示剂量都应相同);如果溶液为蓝绿,甚至变为绿色时,表示滴定已经过量,需重新滴定。

使用不同指示剂时,滴定过程中溶液颜色会有差别,注意观察,防止过量。

三、实验记录和报告

实验记录主要填写称量试剂质量、配制体积以及滴定过程中试剂用量等内容,自行设计表格,数据处理课下进行。

实验报告可参考实验 19(碱灰中总碱度的测定),作表后填写相应记录数据以及计算处理后的数据,进行实验总结和完成实验习题。

四、问题与讨论

(1) 标定 EDTA 溶液时,基准试剂的选择是不是任意的?

选择基准试剂标定 EDTA 时,通常要看标定后的 EDTA 要滴定什么物质,尽可能选择与被测组分相同的物质作基准物,这样操作,两步滴定条件一致,可减小滴定误差。例如,进行水中钙镁硬度的测定时,基准试剂可选择 $CaCO_3$。

(2) 本实验指示剂的加入是不是任意的?

指示剂也是一种配位剂,可以与待滴定金属离子形成稳定的配合物,但其稳定性略低于 EDTA 与待滴金属离子形成的配合物。在滴定接近终点时,EDTA 与指示剂形成竞争关系,EDTA 夺取金属离子使指示剂析出而变色。加入指示剂量不同,最终消耗的 EDTA 也有差异,平行滴定时应保持相同的指示剂加入量。

(王金刚编写)

实验 22　水的钙镁硬度及总硬度的测定

一、预 习 提 要

本实验所涉及体系相对 EDTA 的标定实验来说更为复杂,除进行一般的指示剂以及指示剂适宜酸度条件的选择外,还包括杂质离子的掩蔽。做好本实验必须对配位理论和滴定的知识有系统的了解,明确每步实验的目的和要求。

进行实验前认真复习相关理论以及预习本实验相关知识,回答下列问题:

(1) 水的总硬度和钙镁硬度分别指水中什么的含量?

(2) 如何测定水的镁硬度?

(3) 100.0 mL 水样如何移取?

(4) 滴定时加入三乙醇胺的目的是什么?

(5) 测定钙镁总硬度时,适宜 pH 是如何确定的?

(6) 水样加盐酸酸化并煮沸的目的是什么?

(7) 水样如果不酸化就直接煮沸,预计会出现什么结果?

二、实 验 指 导

本实验用 EDTA 为滴定剂分别测定水样的总硬度和钙镁硬度,总硬度指钙镁的总量,测定钙镁硬度则是分别测定钙镁的含量。测定总硬度后调整水样 pH 为 12~13,将 Mg^{2+} 沉淀后测定 Ca^{2+} 含量即可计算镁硬度。

钙镁总硬度测定的适宜 pH 可参照酸效应曲线确定。由酸效应曲线可知,滴定钙的最低 pH 约为 7.6,滴定镁的最低 pH 约为 9.8,测定二者总量可选择 pH 约为 10,采用 NH_3-NH_4Cl 缓冲溶液调整,采用铬黑 T 为指示剂。

由于水样中含有较多杂质离子,需要加入掩蔽剂进行掩蔽,本实验中加入三乙醇胺主要用于掩蔽 Fe^{3+} 和 Al^{3+}。

水样滴定前应该酸化并煮沸,除去水中二氧化碳;如果不酸化直接煮沸,水中溶解的钙盐就会沉淀析出,影响测定结果,反应如下:

$$Ca(HCO_3)_2 \xrightarrow{\text{加热}} CaCO_3 + H_2O + CO_2$$

小技巧:本实验水样加酸后需要煮沸以除去 CO_2,如果时间安排不好,滴完一个试样再去准备下一个会浪费很多时间,所以准备样品时最好准备三个水样同时加热,在滴定第一个试样时,另两个样品已经在冷却备用。要想加快冷却速度,如果没有现成的冰水浴可用,可以利用身边的现有材料制作冷水浴,如利用水盆装上自来水作冷水浴,或将实验室的自来水盆出水口堵住、把洗手盆做成临时水浴等。

三、实验记录和报告

实验记录和实验报告均可参考实验教材表 3-29 和表 3-30 的格式书写(实验记录可做简化,只保留表格中滴定数据记录部分)。

四、问题与讨论

(1) 100 mL 水样如何记录有效数字?

滴定分析中有效数字一般记录四位,100 mL 水样有效数字记为 100.0 mL。

(2) 取 100 mL 水样时,使用 25 mL 移液管取四次是否恰当?

滴定时,溶液的移取应一次完成,使用容量为 100 mL 的移液管移取,不应使用 25 mL 移液管分次移取。

(王金刚编写)

实验 23　重铬酸钾法测定铁矿中铁的含量

一、预习提要

在进行本实验之前,通过复习相关理论知识和预习本实验内容,回答下列问题:

（1）重铬酸钾被还原后的产物是什么？什么颜色？

（2）重铬酸钾法测定铁矿中铁的含量，以二苯胺磺酸钠作指示剂，终点颜色变化是什么？

（3）写出本实验铁含量的计算公式和反应方程式。

二、实 验 指 导

重铬酸钾法是测定铁矿石中全铁量的标准方法，速度快，准确度高，在生产上广泛使用。为了保护环境，本实验采用无汞测铁法。铁矿石经盐酸分解后，在热 HCl 溶液中，以甲基橙为指示剂，用 $SnCl_2$ 将 Fe^{3+} 还原为 Fe^{2+}，这样可避免经典方法中 $HgCl_2$ 造成的环境污染（原理见实验教材 165 页）。

重铬酸钾法具有以下优点：

（1）$K_2Cr_2O_7$ 容易提纯，在 140～250 ℃干燥后，可以直接称量配制标准溶液。

（2）$K_2Cr_2O_7$ 标准溶液非常稳定，可以长期保存。

（3）$K_2Cr_2O_7$ 的氧化能力没有 $KMnO_4$ 强，在 $1\ mol \cdot L^{-1}$ HCl 溶液中，它的条件电极电势为 1.00 V，室温下不与 Cl^- 作用。受其他还原性物质的干扰也较 $KMnO_4$ 小。

$K_2Cr_2O_7$ 在酸性溶液中与还原剂作用时，$Cr_2O_7^{2-}$ 被还原为 Cr^{3+}：

$$Cr_2O_7^{2-} + 14H^+ + 6e^- = 2Cr^{3+} + 7H_2O$$

$K_2Cr_2O_7$ 的还原产物 Cr^{3+} 呈绿色，终点时无法判断出过量的 $K_2Cr_2O_7$ 的黄色，因而必须加入指示剂，常用二苯胺磺酸钠指示剂。

三、实验记录和报告

实验记录填写以下表格：

铁矿石质量：$m=$ _____（精确至小数点后四位）。

$K_2Cr_2O_7$ 浓度/(mol · L^{-1})			
平行滴定份数	1	2	3
试液体积/mL	25.00	25.00	25.00
消耗 $K_2Cr_2O_7$ 的体积/mL			

实验报告可参考实验 19（碱灰中总碱度的测定），画表后填写相应记录数据以及计算处理后的数据，进行实验总结和完成实验习题。

四、问题与讨论

（1）铁矿石属于较难分解的矿物，加盐酸后如残渣为白色或黑色分别说明什么，应怎样处理?

加盐酸后如残渣为白色表明试样分解完全,若残渣有黑色或其他颜色,是因为铁的硅酸盐难溶于盐酸,可加入氢氟酸或氟化铵再加热使试样分解完全。

(2) 为什么 $SnCl_2$ 溶液必须趁热滴加?

$SnCl_2$ 还原 Fe^{3+} 时,溶液温度如果太低,反应速度慢,黄色褪去不易观察,使 $SnCl_2$ 过量太多,在下一步中不容易除去。

(3) 用重铬酸钾测定铁矿石中含铁量的实验,为什么加磷酸后要立即滴定?

长时间放置,二价铁易被氧化成三价铁,影响结果。

附:其他重铬酸钾测铁法

经典的有汞测铁法是将试样用盐酸分解后,在浓的热 HCl 溶液中用 $SnCl_2$ 将 Fe^{3+} 还原为 Fe^{2+},过量的 $SnCl_2$ 用 $HgCl_2$ 氧化除去。然后在硫磷混酸介质中,以二苯胺磺酸钠为指示剂,用 $K_2Cr_2O_7$ 标准溶液滴定至溶液呈现紫红色,即为终点。主要反应式如下:

$$2FeCl_4^- + SnCl_4^{2-} + 2Cl^- = 2FeCl_4^{2-} + SnCl_6^{2-}$$

$$SnCl_4^{2-} + 2HgCl_2 = SnCl_6^{2-} + Hg_2Cl_2 \downarrow$$

$$6Fe^{2+} + Cr_2O_7^{2-} + 14H^+ = 6Fe^{3+} + 2Cr^{3+} + 7H_2O$$

还有多种无汞测铁法,如三氯化钛-重铬酸钾法,即矿样溶解后,用 $SnCl_2$ 将大部分 Fe^{3+} 还原,再以钨酸钠为指示剂,用 $TiCl_3$ 还原 $W(Ⅵ)$ 至 $W(Ⅴ)$,"钨蓝"的出现表示 Fe^{3+} 已被还原完全,滴加 $K_2Cr_2O_7$ 溶液至蓝色刚好消失,最后在 H_3PO_4 存在下,用二苯胺磺酸钠为指示剂,以 $K_2Cr_2O_7$ 标准溶液滴定。主要反应式如下:

$$PW_{12}O_{40}^{3-} \xrightarrow{+e^-} PW_{12}O_{40}^{4-} \xrightarrow{+e^-} PW_{12}O_{40}^{5-}$$

$$2Fe^{3+} + SnCl_4^{2-} + 2Cl^- = 2Fe^{2+} + SnCl_6^{2-}$$

$$Fe^{3+} + TiCl_3 + H_2O = Fe^{2+} + TiO^{2+} + 2H^+ + 3Cl^-$$

(范迎菊编写)

实验 24 间接碘量法测定胆矾中铜的含量

一、预习提要

在进行本实验之前,通过复习相关理论知识和预习本实验内容,回答下列问题:

(1) $Na_2S_2O_3$ 溶液配制时需要注意哪些事项?

(2) KSCN 应在什么时候加入?

(3) 写出胆矾中铜含量的计算公式。

(4) 写出本实验涉及的反应方程式。

二、实 验 指 导

硫酸铜为天蓝色或略带黄色的粒状晶体,化学式 $CuSO_4$,一般为五水合物 $CuSO_4 \cdot 5H_2O$,俗名胆矾、蓝矾,蓝色斜方晶体,水溶液呈酸性,属保护性无机杀菌剂。五水合硫酸铜在常温常压下很稳定,不潮解,在干燥空气中会逐渐风化,加热至 $45\,^{\circ}\!C$ 时失去两分子结晶水,$110\,^{\circ}\!C$ 时失去四分子结晶水,称作一水合硫酸铜。$200\,^{\circ}\!C$ 时失去全部结晶水而成无水物,也可在浓硫酸的作用下失去五个结晶水。无水物易吸水,再转变为五水合硫酸铜。工业硫酸铜中常含有硫酸亚铁等杂质,通常通过测定胆矾中铜的含量来确定其纯度。

间接碘量法(又称滴定碘法)是指电极电势比 $\varphi(I_2/I^-)$ 大的氧化性物质,可在一定条件下用 I^- 还原(通常使用 KI),产生等当量的 I_2,然后用 $Na_2S_2O_3$ 标准溶液滴定释放出的 I_2。根据 $Na_2S_2O_3$ 溶液消耗的量,可间接测定一些氧化性物质(如 $Cr_2O_7^{2-}$、ClO_3^-、IO_3^-、BrO_3^-、MnO_4^-、MnO_2、NO_3^-、H_2O_2 等)的含量。

市售 $Na_2S_2O_3 \cdot 5H_2O(s)$ 俗名海波或大苏打,是无色透明的晶体,易溶于水,溶于水后呈碱性。固体 $Na_2S_2O_3 \cdot 5H_2O$ 易风化,并含有少量 S、S^{2-}、SO_3^{2-}、CO_3^{2-}、Cl^- 等杂质,因此不能直接配制标准溶液,而且 $Na_2S_2O_3$ 不稳定,易分解,主要原因有以下三个:

(1) 细菌的作用:$Na_2S_2O_3 =\!\!=\!\!= Na_2S_2O_4 + S\!\downarrow$。

(2) 溶解在水中的 CO_2 的作用:$S_2O_3^{2-} + CO_2 + H_2O =\!\!=\!\!= HSO_3^- + HCO_3^- + S\!\downarrow$。

(3) 空气的氧化作用:$S_2O_3^{2-} + 1/2O_2 =\!\!=\!\!= SO_4^{2-} + S\!\downarrow$。

根据以上原因,$Na_2S_2O_3$ 的配制要采取以下措施:

(1) 用煮沸冷却后的蒸馏水,以除去微生物。

(2) 配制时加入少量的 Na_2CO_3,使溶液呈弱碱性(在此条件下微生物的活动力低)。

(3) 将配制的溶液置于棕色瓶中,放置两周,再用基准物标定,若出现溶液浑浊,需重新配制。

1. $Na_2S_2O_3$ 标准溶液的标定

标定 $Na_2S_2O_3$ 溶液的基准物质有 KIO_3、$KBrO_3$、$K_2Cr_2O_7$ 等,由于 $K_2Cr_2O_7$ 相对分子质量较大且价格便宜,易于提纯,所以选用 $K_2Cr_2O_7$ 作为基准物质。滴定时应在强酸条件下使 $K_2Cr_2O_7$ 与过量的 KI 反应生成计量相当的 I_2,再用 $Na_2S_2O_3$ 溶液进行标定。

上述反应分两步进行:①$Cr_2O_7^{2-} + 6I^- + 14H^+ =\!\!=\!\!= 2Cr^{3+} + 3I_2 + 7H_2O$,反应后产生的 I_2,加水稀释后用硫代硫酸钠标准溶液滴定;②$2S_2O_3^{2-} + I_2 =\!\!=\!\!= 2I^- + S_4O_6^{2-}$,用淀粉为指示剂,终点时溶液由深蓝色变为亮绿色。

2. 注意事项

(1) 为了防止 I_2 的挥发和 I^- 被空气中的 O_2 氧化,滴定时不要剧烈摇动溶液;要使用碘量瓶,而且要加入过量的 KI 与 I_2 生成 I_3^-,以减少 I_2 的挥发。

(2) 应避免阳光直接照射,以防止空气中的 O_2 氧化碘离子,反应时需将碘量瓶放于暗处。

(3) 析出 I_2 后,不能让溶液放置过久,应立刻滴定,滴定速度应适当快些。

(4) 淀粉指示剂不宜放入过早,以免大量的 I_2 与淀粉结合成蓝色物质,导致这一部分 I_2 不易与 $Na_2S_2O_3$ 反应,产生滴定误差。应在终点前加入淀粉指示剂,当溶液变为浅黄色时,即可加入。

(5) 滴定不可超过终点。若滴定终点后,经过 5 min 以上,溶液又出现蓝色,不影响分析结果;若滴至终点后,很快溶液又转变为蓝色,表示 $K_2Cr_2O_7$ 与 KI 反应未完全,需要继续标定。

三、实验记录和报告

实验记录填写以下表格:

$Na_2S_2O_3$ 溶液浓度的标定

$K_2Cr_2O_7$ 浓度/(mol·L^{-1})			
平行滴定份数	1	2	3
$K_2Cr_2O_7$ 的体积/mL	25.00	25.00	25.00
消耗 $Na_2S_2O_3$ 的体积/mL			

胆矾中铜含量的测定

胆矾试样质量/g			
平行滴定份数	1	2	3
胆矾试样的体积/mL	25.00	25.00	25.00
消耗 $Na_2S_2O_3$ 的体积/mL			

实验报告可参考实验 19(碱灰中总碱度的测定),作表后填写相应记录数据以及计算处理后的数据,进行实验总结和完成实验习题。

四、问题与讨论

(1) 实验中加入的碘化钾及硫氰酸盐的作用是什么?

碘化钾的作用:KI 既是 Cu^{2+} 的还原剂($Cu^{2+} \longrightarrow Cu^+$),又是 Cu^+ 的沉淀剂($Cu^+ \longrightarrow CuI$),还是 I_2 的配位剂($I_2 \longrightarrow I_3^-$)。KI 还可以促进 KI 与 Cu^{2+} 反应加快

进行,与 I_2 生成 I_3^- 离子防止 I_2 挥发损失。

硫氰酸盐的作用:CuI 沉淀强烈吸附 I_3^-,会使结果偏低。通常的办法是近终点时加入硫氰酸盐,将 CuI 转化为溶解度更小的 CuSCN 沉淀,把吸附的碘释放出来,使反应更为完全。硫氰酸盐应在接近终点时加入,否则 SCN^- 会还原大量存在的 I_2,致使测定结果偏低。

(2) $Na_2S_2O_3$ 溶液配制时需要注意哪些事项?

水中的 CO_2、细菌和光照都能使 $Na_2S_2O_3$ 分解,水中的氧也能将其氧化。故配制 $Na_2S_2O_3$ 溶液时,先将蒸馏水煮沸,以除去水中的 CO_2 和 O_2,并杀死细菌,冷却后加入少量 Na_2CO_3 使溶液呈弱碱性以抑制 $Na_2S_2O_3$ 的分解和细菌的生长,保存于棕色瓶中。

（范迎菊编写）

实验 25　水样中化学耗氧量的测定

一、预 习 提 要

通过本实验初步了解环境分析的重要性及水样的采集和保存方法,了解污水中化学耗氧量(COD)与水体污染的关系,掌握高锰酸钾法测定水中 COD 的原理及方法;同时进一步巩固标准溶液的配制及标定等基本操作,学习氧化还原滴定分析方法。

因重铬酸钾测定方法中涉及回流等有机实验操作,故本实验指导只针对高锰酸钾法讲述。

进行本实验之前,请认真预习实验教材,完成以下问题:

(1) COD 测定的方法通常有高锰酸钾法和重铬酸钾法两种,两种测定方法适用的范围分别是什么?

(2) 在滴定时,$KMnO_4$ 溶液要盛放在酸式还是碱式滴定管中? 为什么?

(3) $Na_2C_2O_4$ 标准溶液的配制中,固体 $Na_2C_2O_4$ 样品应采用什么方法称取?

(4) 配制 $KMnO_4$ 标准溶液时,为什么要将 $KMnO_4$ 溶液煮沸一定时间并放置数天,配好的 $KMnO_4$ 溶液为什么要过滤后才能保存? 过滤时是否可以用滤纸?

(5) 用 $Na_2C_2O_4$ 标定 $KMnO_4$ 时候,为什么必须在 H_2SO_4 介质中进行? 酸度过高或过低有何影响? 可以用硝酸或盐酸调节酸度吗? 为什么要加热到 $70\sim80\ ℃$,溶液温度过高或过低有何影响?

(6) 标定 $KMnO_4$ 溶液时,为什么第一滴 $KMnO_4$ 加入后溶液的红色褪去很慢,而以后红色褪去越来越快?

(7) 盛放 $KMnO_4$ 溶液的烧杯或锥形瓶等容器放置较久后,其内壁上常见的棕色沉淀物是什么？此棕色沉淀物用通常方法不容易洗净，应怎样洗涤才能除去此沉淀？

二、实 验 指 导

高锰酸钾法测定水中 COD 实验包括三个方面的任务：①$Na_2C_2O_4$ 标准溶液的配制；②$KMnO_4$ 溶液的配制及标定；③用已知浓度的 $KMnO_4$ 溶液为氧化剂测定水样中的化学耗氧量。在自然界水源受到广泛污染的今天，掌握本实验内容具有重要的实际意义，此实验中涉及的污水样品可统一取生活区内处理中水或校内的湖泊水，通过对其 COD 的测定，增加学生的环保意识。

1. 0.005 mol·L^{-1} $Na_2C_2O_4$ 标准溶液的配制

将 $Na_2C_2O_4$ 放于 100～105 ℃ 干燥箱中烘干 2 h，干燥器中冷却后，准确称取 0.16～0.18 g 于小烧杯中加水溶解后定量转移至 250 mL 容量瓶中，用蒸馏水定容、摇匀。

提醒：$Na_2C_2O_4$ 在空气中易吸水，建议采用差减法称量。

2. 0.002 mol·L^{-1} $KMnO_4$ 溶液的配制及标定

(1) 称取 $KMnO_4$ 固体约 0.16 g 溶于 500 mL 蒸馏水中，盖上表面皿，加热至沸腾并保持在微沸状态 1 h，冷却后倒入棕色试剂瓶中。将溶液在室温条件下静置 2～3 天后，用微孔玻璃漏斗过滤，储存于棕色瓶中备用。

(2) 用移液管准确移取 10.00 mL 标准 $Na_2C_2O_4$ 溶液于 250 mL 锥形瓶中，加入 100 mL 水和 10 mL 6 mol·L^{-1} 的 H_2SO_4，在水浴上加热到 75～85 ℃，趁热用 $KMnO_4$ 溶液滴定，滴定按照由慢到快的顺序进行，至溶液呈微红色时停止滴加，记录数据，平行滴定三次。

注意：蒸馏水中常含有微量还原性物质，它们均能慢慢地使 $KMnO_4$ 还原为 $MnO(OH)_2$ 沉淀，而 $MnO(OH)_2$ 以及 $KMnO_4$ 试剂中常含有少量 MnO_2 又能进一步促进 $KMnO_4$ 分解。因此，配制 $KMnO_4$ 标准溶液时要将 $KMnO_4$ 溶液煮沸一定时间并放置数天，让还原性物质完全反应后并用微孔玻璃漏斗过滤，滤除 MnO_2 和 $MnO(OH)_2$ 沉淀后，溶液保存于棕色瓶中。

配制好的 $KMnO_4$ 溶液在棕色瓶中避光保存，但即使这样，长时间放置的 $KMnO_4$ 溶液中也难免生成 MnO_2 和 $MnO(OH)_2$ 棕色沉淀，其重新使用时应再次过滤并标定；玻璃容器内壁上沾附的棕色沉淀物可以用乙二酸和盐酸羟胺洗涤液洗涤。

用 $Na_2C_2O_4$ 标定 $KMnO_4$ 时，注意酸度和温度的控制，在 H_2SO_4 介质中进行滴定，将溶液加热到 70～80 ℃，以加快反应速率。

标定 $KMnO_4$ 溶液时，速率的控制很重要，应该先慢后快。这是因为 $KMnO_4$ 与

$Na_2C_2O_4$ 的反应速率较慢,第一滴 $KMnO_4$ 加入,由于溶液中没有 Mn^{2+},反应速率慢,红色褪去很慢,随着滴定的进行,溶液中 Mn^{2+} 的浓度不断增大,由于 Mn^{2+} 的催化作用,反应速率越来越快,红色褪去速度明显增加。

3. 水样中耗氧量的测定

用移液管准确移取 100.0 mL 水样,置于 250 mL 锥形瓶中,加入 10 mL 6 mol·L^{-1} 的 H_2SO_4,后放在电炉上加热至微沸,再准确加入 10.00 mL 0.002 mol·L^{-1}(实际浓度以标定结果为准)的 $KMnO_4$ 溶液,立即加热至沸并持续 10 min(此时若红色褪去,应再补加适量 $KMnO_4$ 溶液至溶液呈现稳定的红色),取下锥形瓶,趁热用移液管移入 10.00 mL $Na_2C_2O_4$ 标准溶液,摇匀,此时由红色变为无色。趁热用 0.002 mol·L^{-1} $KMnO_4$ 标准溶液滴定至稳定的淡红色即为终点,平行滴定三次,记录数据。

注意:对于测定地表水、河水等污染不十分严重的水质,一般多采用酸性高锰酸钾法测定,该法简便快速。对于工业污水及生活污水中含有成分复杂的污染物,宜用重铬酸钾法测定。

$KMnO_4$ 需要盛放在酸式滴定管中,这是因为 $KMnO_4$ 溶液具有氧化性,能使碱式滴定管下端的橡皮管氧化。

4. 空白样耗氧量的测定

用移液管准确移取 100.0 mL 蒸馏水,置于 250 mL 锥形瓶中,后操作如同步骤 3 中操作,记录数据。

实验过程注意事项:

(1) 水样采集后,应当加入硫酸使 pH 小于 2,抑制微生物繁殖。试样尽快分析,必要时要在 0~5 ℃保存,在 48 h 内测定。

(2) 水样中加入 $KMnO_4$ 煮沸后,若紫红色消失说明加入 $KMnO_4$ 的量不够,应继续加入适量的 $KMnO_4$ 直至呈现稳定的紫红色。

(3) 滴定乙二酸钠时温度不要超过 85 ℃,如果温度超过 85 ℃时,乙二酸钠会分解,影响实验结果。

(4) 从冒第一个大气泡开始必须要小火加热,防止溶液暴沸,引起溶液飞溅,烫伤身体,并使试样结果产生误差。

(5) 在对加入 $KMnO_4$ 的水样进行煮沸操作时,要特别注意安全。溶液很容易发生暴沸,要控制好加热速度。

三、实验记录和报告

本次实验涉及数据较多,建议采用下面图表的形式。

1. 0.002 mol·L^{-1} KMnO$_4$ 溶液的标定

项目 ＼ 次数	1	2	3
基准物 Na$_2$C$_2$O$_4$ 的质量/g	$m_1=$ 　g,	$m_2=$ 　g,	$m_s=m_1-m_2=$ 　g
$c_{Na_2C_2O_4}$/(mol·L^{-1})			
$V_{Na_2C_2O_4}$/mL	25.00	25.00	25.00
V_{KMnO_4}/mL			
c_{KMnO_4}/(mol·L^{-1})			
$\bar{c}_{KMnO_4}$/(mol·L^{-1})			
相对偏差			

注:计算公式为

$$c_{Na_2C_2O_4}=\frac{\left(\dfrac{m}{M}\right)_{Na_2C_2O_4}\times 1000}{V_{H_2O}}(mol\cdot L^{-1})$$

$$c_{KMnO_4}=\frac{2}{5}\times\frac{c_{Na_2C_2O_4}\times V_{Na_2C_2O_4}}{V_{KMnO_4}}(mol\cdot L^{-1})$$

2. 水样中 COD 的测定

项目 ＼ 次数	1	2	3	空白样
准确滴加 V_{KMnO_4}/mL				
移取 $V_{Na_2C_2O_4}$/mL				
滴定消耗 V_{KMnO_4}/mL				
水中 COD 含量/(mg·L^{-1})				
水样中 COD 含量/(mg·L^{-1})				
平均 COD 含量/(mg·L^{-1})				
相对偏差				

注:计算公式

$$COD=\frac{\left(\dfrac{5}{4}\times c_{KMnO_4}V_{KMnO_4}-\dfrac{1}{2}\times c_{Na_2C_2O_4}V_{Na_2C_2O_4}\right)\times 32\times 1000}{V_{水样}}(mg\cdot L^{-1})$$

四、问题与讨论

(1) 标准高锰酸钾溶液能否直接配制? 为什么?

市售的 $KMnO_4$ 试剂一般纯度不高,常含有少量 MnO_2 和其他杂质,实验室用蒸馏水中含有少量有机物,它们能使 $KMnO_4$ 还原为 $MnO(OH)_2$,而 $MnO(OH)_2$ 又能促进 $KMnO_4$ 的自身分解,见光时分解更快,发生以下反应:

$$4MnO_4^- + 2H_2O \Longrightarrow 4MnO_2 + 3O_2 \uparrow + 4OH^-$$

因此,$KMnO_4$ 标准溶液应采用间接法配制,储存于棕色瓶中,并定期进行标定。

(2) 配制好的 $KMnO_4$ 溶液为什么要盛放在棕色瓶中保存? 如果没有棕色瓶怎么办?

因 Mn^{2+} 和 MnO_2 的存在能促进 $KMnO_4$ 分解,见光分解更快,所以配制好的 $KMnO_4$ 溶液要盛放在棕色瓶中保存;如果没有棕色瓶,应放在避光处保存。

（刘广宁编写）

实验 26　高锰酸钾法测定过氧化氢的含量

一、预 习 提 要

在进行本实验之前,通过复习相关理论知识和预习本实验内容,回答下列问题:

(1) 本实验能否用 HNO_3、盐酸或 HAc 控制酸度? 为什么?

(2) 高锰酸钾溶液配制过程中有哪些注意事项?

(3) 高锰酸钾溶液配制过程中要用到玻璃砂芯漏斗,能否用定量滤纸过滤?

(4) 用乙二酸钠标定高锰酸钾溶液时,应注意哪些重要的反应条件?

二、实 验 指 导

1. $0.02\ mol \cdot L^{-1}\ KMnO_4$ 溶液的配制与标定

$KMnO_4$ 是强氧化剂,易被多种还原性物质还原,且市售的 $KMnO_4$ 常含杂质,因此应按一定程序配制大致浓度的溶液,再进行标定。

本实验称取约 1.7 g $KMnO_4$ 固体,溶于 500 mL 水后,加热并保持微沸 1 h,冷却后保存于棕色试剂瓶中,避光放置数天,用微孔玻璃漏斗过滤,然后标定浓度。

标定 $KMnO_4$ 溶液的基准物质有 $Na_2C_2O_4$、$H_2C_2O_4 \cdot 2H_2O$、As_2O_3 及纯铁等,其中 $Na_2C_2O_4$ 较为常用。$Na_2C_2O_4$ 不含结晶水,性质稳定,易于提纯,在酸性条件下,用 $Na_2C_2O_4$ 标定 $KMnO_4$ 的反应为

$$5C_2O_4^{2-} + 2MnO_4^- + 16H^+ \Longrightarrow 10CO_2 \uparrow + 2Mn^{2+} + 8H_2O$$

利用 $KMnO_4$ 本身的颜色指示终点,终点时由无色变为粉红色。

标定反应须在 H_2SO_4 介质中进行。若用 HCl 调节酸度,Cl^- 能被 $KMnO_4$ 氧

化;HNO$_3$ 则本身就具有氧化性。滴定必须在强酸性溶液中进行,若酸度过低,KMnO$_4$ 与被滴定物作用生成褐色的 MnO(OH)$_2$ 沉淀,反应不能按一定的计量关系进行。在室温下,KMnO$_4$ 与 Na$_2$C$_2$O$_4$ 之间的反应速率慢,故须将溶液加热到 75～85℃,但温度不能超过 90℃,否则 Na$_2$C$_2$O$_4$ 分解。

称取三份 Na$_2$C$_2$O$_4$ 用于 KMnO$_4$ 标定的方式较为繁琐,而且每次称量质量不同,消耗 KMnO$_4$ 体积也不同,无法直接观察滴定反应的平行性,因此建议一次性配制 250 mL Na$_2$C$_2$O$_4$ 溶液,每次移取 25.00 mL 用于高锰酸钾滴定,步骤如下:准确称取 1.5～2.0 g Na$_2$C$_2$O$_4$,配制成 250 mL 标准溶液(容量瓶),每次移取 25.00 mL Na$_2$C$_2$O$_4$ 标准溶液于锥形瓶中,加入 20 mL(1+5)H$_2$SO$_4$,加热至 75～85 ℃,趁热用 KMnO$_4$ 溶液滴定,平行滴定三次。

2. H$_2$O$_2$ 含量的测定

移取 1.00 mL 30％的 H$_2$O$_2$ 置于 250 mL 容量瓶中,加水定容。每次移取此溶液 25.00 mL 于锥形瓶中,加 5 mL(1+5)H$_2$SO$_4$,用高锰酸钾滴定至终点,平行滴定三次。

在酸性溶液中,高锰酸钾能定量地氧化过氧化氢,其反应如下:

$$5H_2O_2 + 2MnO_4^- + 6H^+ \xrightarrow{\hspace{1cm}} 2Mn^{2+} + 8H_2O + 5O_2 \uparrow$$

与 Na$_2$C$_2$O$_4$ 标定 KMnO$_4$ 的反应不同,KMnO$_4$ 氧化 H$_2$O$_2$ 的速率较快,待溶液中有少量的 Mn^{2+} 生成后,在 Mn^{2+} 催化下反应速率更高,因而本实验 KMnO$_4$ 的加入速度可稍快。由于 H$_2$O$_2$ 受热易分解,本反应在常温下进行。当反应到达化学计量点时,微过量的 MnO$_4^-$ 使溶液呈微红色。按下式计算:

$$\omega_{H_2O_2}(\%) = \frac{(cV)_{KMnO_4} \times 5 \times M_{H_2O_2}}{2 \times \rho_{H_2O_2} V_{H_2O_2}} \times \frac{10}{1000} \times 100\%$$

30％的 H$_2$O$_2$,其密度 $\rho_{H_2O_2}$＝1.11 kg · L^{-1}。

注意:本实验所用高锰酸钾和过氧化氢均具有强氧化性,避免沾到衣服或皮肤上。过氧化氢沾到皮肤上会有灼痛感,沾染部位因被氧化而变白。

三、实验记录和报告

实验记录以及实验报告中的表格参考如下(实验记录可省略浓度计算部分)所示。

实验报告可参考实验 19(碱灰中总碱度的测定),作表后填写相应记录数据以及计算处理后的数据,进行实验总结和完成实验习题。

KMnO₄ 溶液浓度的标定

项目	1	2	3
称量瓶及 $Na_2C_2O_4$ 的质量 m_1/g			
称量瓶及 $Na_2C_2O_4$ 的质量 m_2/g			
$m_{Na_2C_2O_4} = (m_1 - m_2)$/g			
$V_{Na_2C_2O_4}$/mL	25.00	25.00	25.00
V_{KMnO_4}/mL			
c_{KMnO_4}/(mol·L^{-1})			

H_2O_2 含量的测定

平行滴定份数	1	2	3
H_2O_2 的体积/mL	25.00	25.00	25.00
消耗 KMnO₄ 的体积/mL			
H_2O_2 浓度			

四、问题与讨论

(1) 配制 KMnO₄ 溶液应注意什么?用 $Na_2C_2O_4$ 标定 KMnO₄ 溶液时,为什么开始滴入的紫红色消失缓慢,后来却越来越快,直至滴定终点出现稳定的紫红色?

配制 KMnO₄ 标准溶液时应注意:①称量好 KMnO₄ 应先放在 1000 mL 烧杯中溶解,加热煮沸 0.5~1 h,而后放在棕色瓶中置于暗处,放置 7~10 天使 MnO₂ 沉淀完全;②用砂芯漏斗过滤,除去 MnO₂ 沉淀,滤液盛于棕色瓶中,稀释到要求体积,摇匀,放置暗处待标定,且勿使阳光直接照射。

用 $Na_2C_2O_4$ 标定 KMnO₄ 溶液时,开始滴入时反应速率慢,紫红色消失缓慢。$Na_2C_2O_4$ 与 KMnO₄ 反应生成的 Mn^{2+} 对该反应起催化作用,反应速率加快,紫红色消失越来越快。

(2) 配制 KMnO₄ 标准溶液时,为什么要将 KMnO₄ 溶液煮沸一定时间并放置数天?配好的 KMnO₄ 溶液为什么要过滤后才能保存?过滤时是否可以用滤纸?

因 KMnO₄ 试剂中常含有少量 MnO₂ 和其他杂质,蒸馏水中常含有微量还原性物质,它们能慢慢地使 KMnO₄ 还原为 MnO(OH)₂ 沉淀。另外,因 MnO₂ 或 MnO(OH)₂ 又能进一步促进 KMnO₄ 溶液分解。因此,配制 KMnO₄ 标准溶液时,要将 KMnO₄ 溶液煮沸一定时间并放置数天,让还原性物质完全反应后并用微孔玻璃漏斗过滤,滤去 MnO₂ 和 MnO(OH)₂ 沉淀后保存棕色瓶中。不能用滤纸过滤,高锰酸钾会将滤纸氧化腐蚀。

(范迎菊编写)

实验 27　直接碘量法测定水果中维生素 C 的含量

一、预 习 提 要

维生素 C(Vc)广泛存在于新鲜果蔬中,不同果蔬的维生素 C 含量存在差异。维生素 C 有强还原性,可把单质碘还原成碘离子;碘遇淀粉显蓝色,据此可判断滴定终点。直接碘量法适用于测定浅色或无色样液和提取液,由于滴定终点颜色比较深,故可作为很多果蔬维生素 C 含量的测定方法。

维生素 C 与空气接触会氧化变质,无论如何保存,随着保存时间的延长,其中的维生素 C 含量都会逐渐减少,因此最好用新鲜果蔬进行实验。

在进行本实验之前,通过复习相关理论知识和预习本实验内容,回答下列问题:

(1) 为什么可用碘量法直接测定维生素 C 的含量?

(2) 为什么配制 I_2 的标准溶液时加 KI?

(3) 用碘量法直接测定维生素 C 含量时,若用 $CuSO_4$ 标准溶液进行滴定,试用反应方程式表示测定过程中各步的反应。

二、实 验 指 导

1. I_2 溶液的标定

本实验采用碘滴定法,利用的是 I_2 的氧化性。由于固体 I_2 在水中溶解度很小,容易升华,通常将 I_2 溶解在 KI 溶液中,此时 I_2 以 I_3^- 的形式存在,但为方便起见,常将 I_3^- 写成 I_2。碘滴定法不能在碱性溶液中进行,因为 I_2 在碱性溶液中会发生歧化反应。为防止 I_2 的升华,滴定时速度要快,轻轻摇动,不要剧烈摇动。

2. 水果中 Vc 含量的测定

Vc 还原性较强,易被空气中的氧所氧化,且在碱性环境下更容易发生。因此,为了减小实验误差,反应必须在酸性环境下进行。但酸性不宜太强,I^- 在强酸性环境下也易被氧化。综合考虑两方面因素,反应应该在弱酸性环境下进行(一般在 pH= 3~4)。加入乙酸就是为了控制弱酸性环境。

三、实验记录和报告

I₂ 溶液的标定

$Na_2S_2O_3$ 标准溶液的浓度/$(mol \cdot L^{-1})$			
平行滴定份数	1	2	3
$Na_2S_2O_3$ 的体积/mL	25.00	25.00	25.00
消耗 I_2 溶液的体积/mL			

水果中 Vc 含量的测定

平行滴定份数	1	2	3
果浆质量/g			
消耗 I_2 溶液的体积/mL			

实验报告可参考实验 19(碱灰中总碱度的测定),作表后填写相应记录数据以及计算处理后的数据,进行实验总结和完成实验习题。

四、问题与讨论

(1) 果浆中加入乙酸的作用是什么?

Vc 还原性较强,易被空气中的氧所氧化,且在碱性环境下更容易发生。因此,为了减小实验误差,反应必须在酸性环境下进行。

(2) 碘量法的误差来源有哪些? 应采取哪些措施减少误差?

①读数误差:由于碘标准溶液颜色较深,溶液凹液面难以分辨,但液面最高点较清楚,因此常读液面最高点,读时应调节眼睛的位置,使之与液面最高点前后在同一水平位置上;②反应物容易被空气中的氧氧化:滴定过程中用碘量瓶,避免剧烈的摇动。

(范迎菊编写)

实验 28 水中溶解氧的测定

一、预 习 提 要

在进行本实验之前,通过复习相关理论知识和预习本实验内容,回答下列问题:

(1) 当水样中含有 Fe^{3+} 时,将导致结果偏高还是偏低? 如何消除 Fe^{3+} 的干扰?

(2) 取样时应注意哪些细节?

(3) 在固定溶解氧时,若没出现棕色沉淀,说明什么问题?

（4）在溶解棕色沉淀时，酸度不够会带来什么影响？使测定结果偏高还是偏低？

二、实验指导

1. $Na_2S_2O_3$ 标准溶液的标定

$Na_2S_2O_3 \cdot 5H_2O$ 易风化，且不稳定易分解，因此应先粗配后再标定。配制时应用煮沸并冷却的蒸馏水溶解，加少量 Na_2CO_3 抑制细菌的活性，并于棕色试剂瓶中保存。

2. 水中溶解氧的测定

当水样中含有亚硝酸盐时会影响测定，可加入叠氮化钠使水中的亚硝酸盐分解而消除干扰。其加入方法是预先将叠氮化钠加入碱性碘化钾溶液中。用叠氮化钠-碘化钾代替碘化钾溶液。（注意：叠氮化钠是一种剧毒、易爆试剂，不能将碱性叠氮化钠-碘化钾直接酸化，否则可能产生有毒的叠氮酸雾。）

当水样中含有 Fe^{3+} 时，可加入 1 mL 40 % 的氟化钾溶液消除干扰。其余操作同碘量法。

（1）取样：取样时用具塞锥形瓶。将洗净的锥形瓶用待测水样清洗三次。取样时绝不能使采集的水样和空气接触，且瓶中不能留有气泡，否则另行取样。

水样呈强酸或强碱时，可用氢氧化钾或盐酸调至中性后测定。

水样中游离氯大于 0.1 mg·L^{-1} 时，应加入硫代硫酸钠除去。方法如下：250 mL 的碘量瓶装满水样，加入 5 mL 3 mol·L^{-1} 硫酸和 1 g 碘化钾，摇匀，此时应有碘析出；吸取 100.0 mL 该溶液于另一个 250 mL 碘量瓶中，用硫代硫酸钠标准溶液滴定至浅黄色，加入 1 % 淀粉溶液 1 mL，再滴定至蓝色刚好消失；根据计算得到氯离子浓度，向待测水样中加入一定量的硫代硫酸钠溶液，以消除游离氯的影响。

（2）反应：加入 $MnSO_4$ 和 H_2SO_4 时，移液管应插入液面下方 0.5 cm，否则会带入空气。加入 2 mL H_2SO_4 后，小心盖好瓶塞颠倒摇匀，此时沉淀应溶解。如溶解不完全，再加入少量 H_2SO_4，至溶液澄清呈黄色。置于暗处静置 5 min。

三、实验记录和报告

实验记录如下：

$Na_2S_2O_3$ 标准溶液的标定

$K_2Cr_2O_7$ 标准溶液的浓度/(mol·L^{-1})			
平行滴定份数	1	2	3
$K_2Cr_2O_7$ 的体积/mL	25.00	25.00	25.00
消耗 $Na_2S_2O_3$ 的体积/mL			

水中溶解氧的测定

平行滴定份数	1	2	3
水样的体积/mL	100.0	100.0	100.0
消耗 $Na_2S_2O_3$ 的体积/mL			

实验报告可参考实验19(碱灰中总碱度的测定),作表后填写相应记录数据以及计算处理后的数据,进行实验总结和完成实验习题。

四、问题与讨论

(1) 在固定溶解氧时,若没出现棕色沉淀,说明什么问题?

在固定溶解氧时,若没出现棕色沉淀,说明溶解氧含量低。

(2) 在溶解棕色沉淀时,酸度不够会带来什么影响? 使测定结果偏高还是偏低?

酸度不够,碘的析出不彻底,使测定结果偏低。

(3) 若水被还原性杂质污染时,应该如何处理以消除杂质的影响?

如水被还原性杂质污染,在测定时要消耗一部分 I_2 而使测定结果偏低,可在未加 $MnSO_4$ 溶液前,先加适量硫酸使水样酸化,加入 $KMnO_4$ 溶液氧化还原性杂质,再加适量乙二酸钾溶液还原过量的 $KMnO_4$,从而消除杂质影响。

(4) 若水样中含有氧化性物质,应如何处理?

应预先加入等当量的硫代硫酸钠。

(范迎菊编写)

实验 29　福尔哈德法测定氯化物中 Cl^- 的含量

一、预 习 提 要

在进行本实验之前,通过复习相关理论知识和预习本实验内容,回答下列问题:

(1) 本实验的滴定介质应怎样选择? 为什么?

(2) 为什么要加入硝基苯? 还可以用其他什么办法?

(3) 福尔哈德法和莫尔法相比,哪个选择性更高?

(4) 福尔哈德法测 I^- 时,指示剂和 $AgNO_3$ 的加入顺序应是怎样?

二、实 验 指 导

福尔哈德法滴定条件的控制:

(1) 溶液的酸度:在中性或碱性介质中,指示剂 Fe^{3+} 会发生水解而析出

$Fe(OH)_3$ 沉淀；Ag^+ 在碱性或氨性介质中会生成 Ag_2O 沉淀或 $[Ag(NH_3)_2]^+$，所以滴定反应要在 HNO_3 溶液中进行，HNO_3 的浓度以 $0.2 \sim 0.5$ mol·L^{-1} 较为适宜。盐酸或硫酸会与 Ag^+ 生成沉淀，不能选用。

(2) 本实验为返滴法测 Cl^-，有 AgCl 和 AgSCN 两种沉淀，在化学计量点前，为防止 Ag^+ 被沉淀吸附，需要充分摇荡，但在化学计量点后，如果再用力摇荡，溶液的红色就会消失，使终点不好判断。产生这种现象的原因是：当溶液中剩余的 Ag^+ 被沉淀之后，稍微过量的 SCN^-，一方面与 Fe^{3+} 生成红色配合物 $[Fe(NCS)_n]^{3-n}$，另一方面将 AgCl 转化为溶解度更小的 AgSCN 沉淀。

$$Fe^{3+} + nSCN^- \Longrightarrow [Fe(NCS)_n]^{3-n}$$

$$AgCl + SCN^- \Longrightarrow AgSCN\downarrow + Cl^-$$

这时若剧烈摇动，就会造成较大的分析误差。为了避免这种误差，较简便的方法是加入有机溶剂硝基苯，用力摇动，使 AgCl 进入硝基苯层，与被滴定的溶液隔离，然后在轻轻摇动下，用 NH_4SCN 标准溶液滴定滤液中剩余的 Ag^+。

三、实验记录和报告

NH_4SCN 溶液的标定

$AgNO_3$ 标准溶液的浓度/(mol·L^{-1})			
平行滴定份数	1	2	3
$AgNO_3$ 的体积/mL	25.00	25.00	25.00
消耗 NH_4SCN 的体积/mL			

NaCl 试样中 Cl^- 的测定

平行滴定份数	1	2	3
NaCl 试样的体积/mL	25.00	25.00	25.00
消耗 NH_4SCN 的体积/mL			

实验报告可参考实验 19（碱灰中总碱度的测定），作表后填写相应记录数据以及计算处理后的数据，进行实验总结和完成实验习题。

四、问题与讨论

(1) 福尔哈德法有哪些优缺点？

福尔哈德法优点是：可以在酸性溶液中进行滴定，许多干扰离子，如 PO_4^{3-}、AsO_4^{3-}、CrO_4^{2-} 等都不干扰实验，因此该方法的选择性高。

缺点是：强氧化剂，氮的低价氧化物以及铜盐、汞盐等能与 SCN^- 起反应，干扰测定，应预先分离或掩蔽。

(2) 本实验为什么需要在酸性介质中滴定? 可否用 HCl 溶液或 H_2SO_4 酸化? 为什么?

在中性或碱性介质中,指示剂 Fe^{3+} 会发生水解而析出 $Fe(OH)_3$ 沉淀;Ag^+ 在碱性或氨性介质中会生成 Ag_2O 沉淀或 $[Ag(NH_3)_2]^+$,所以滴定反应要在 HNO_3 溶液中进行。不能用 HCl 溶液或 H_2SO_4 酸化,会生成 AgCl 或 Ag_2SO_4 沉淀,带来误差。

(范迎菊编写)

实验 30　水泥中三氧化硫含量的测定

一、预 习 提 要

本实验属于重量分析法实验,通过本实验,除熟悉重量分析法的一般程序外,还将对重量分析法的原理、沉淀条件、沉淀方法等相关知识进行全面的回顾和应用。对于建材相关专业的学生来说,本实验的内容与专业直接对接,应予以特别的重视。

通过学习重量分析法相关理论和对本实验的预习,回答下列问题:

(1) 重量分析法中沉淀形式与称量形式是否一致?

(2) 要产生易于过滤的晶型沉淀,沉淀操作应注意哪些要求? 实验中的操作如何体现出这些要求?

(3) 实验中最后过滤硫酸钡所用滤纸有什么要求?

(4) 沉淀焙烧前应将滤纸充分灰化,原因是什么?

(5) 为缩短陈化时间,本实验采取的什么操作步骤?

(6) 为什么要取有数字编号的坩埚? 如果所取坩埚上无任何标记,是否可以自己在空白坩埚上贴标签并写上姓名?

(7) 空坩埚在称量前以及称量后能否用手直接接触?

(8) 经马弗炉焙烧后的坩埚需冷却后才能称量,应如何冷却?

二、实 验 指 导

沉淀法是最常用的重量分析方法,是将待测组分生成难溶化合物沉淀下来,使其转化为一定的称量形式称量。称量形式与沉淀形式可能相同(如 $BaSO_4$ 沉淀),也可能不同(如 $CaCO_3$ 沉淀灼烧后转化为 CaO,称量形式为 CaO)。表示物质含量时,可以用称量物形式,也可以用元素、离子、氧化物等形式,如得到 $BaSO_4$ 沉淀后,可以用 S、SO_3、SO_4^{2-} 等含量的形式来表达,但其以不同组分形式表达时,被测形式与称量形式之间存在一定的换算因数,以 F 来表示。

本实验包含水泥试样溶解、$BaSO_4$ 沉淀、陈化、过滤、洗涤、灰化、焙烧等多个步骤,应严格遵守各步实验条件,防止沉淀损失。

1. BaSO₄ 沉淀的制备与洗涤

用分析天平准确称取约 0.5 g 水泥试样,置于 250 mL 烧杯后先加 30～40 mL 水分散,再加 10 mL 6 mol·L⁻¹盐酸(1+1 盐酸),可用平头玻璃棒压碎块状物以加快溶解,将溶液加热至水泥完全分解后保持微沸 5 min,用中速滤纸过滤。此处需要收集的是溶液,可用价廉的定性滤纸过滤,用少量热水洗涤沉淀和滤纸 10～12 次,完全收集滤液至 500 mL 烧杯中。将滤液调整至 200 mL 后,煮沸,在搅拌下滴加 10 mL 热 BaCl₂ 溶液。

请同学们思考,这些操作中哪些步骤体现了晶型沉淀的制备条件?

将滤液调整至 200 mL,使之成为稀溶液,体现"稀"字;煮沸溶液,加入热的 BaCl₂ 溶液,体现"热"字;滴加 BaCl₂ 溶液,体现"慢"字;搅拌下滴加 BaCl₂ 溶液,体现"搅"字,防止局部浓度过大。加上后期的陈化,正体现了制备晶型沉淀所要求的五字条件——稀、热、慢、搅、陈。

滴加完 BaCl₂ 溶液后,继续煮沸溶液数分钟,转移至温热处静置 4 h 或常温过夜(温热放置可缩短陈化时间),进行陈化,以获得易于过滤的较大颗粒沉淀。

用慢速定量滤纸过滤沉淀(采用倾泻法转移沉淀以提高过滤速度,具体操作参见实验教材 74～76 页相关操作)并用温水多次洗涤,用干净小烧杯接取滤液后滴加 AgNO₃ 溶液,检验 Cl⁻ 是否洗涤干净。

提醒:硫酸钡沉淀颗粒较细,如果将沉淀搅起后连同溶液一起过滤,先加入的沉淀会堵塞滤纸孔,降低过滤速度。由于本实验的溶液量较大,这种操作会使实验时间大大延长。正确的操作是:先将上层清液采用倾泻法过滤,注意不要搅起沉淀(经陈化后,硫酸钡沉淀应已沉积于烧杯底部,小心操作以避免沉淀搅起);最后剩余溶液量较少时再连同沉淀一起倒入并多次冲洗烧杯和玻璃棒,保证沉淀完全转移至漏斗。如果前面定量滤纸的折叠采用过撕角处理,可最后用撕下的小块滤纸擦拭玻璃棒,再将其与沉淀合并灼烧。

小知识:定性滤纸与定量滤纸。定量滤纸和定性滤纸的区别主要在于灰化后产生灰分的量。定性滤纸不超过 0.13%,定量滤纸不超过 0.0009%。定量分析滤纸在制造过程中,纸浆经过盐酸和氢氟酸处理,并经过蒸馏水洗涤,将纸纤维中大部分杂质除去,所以灼烧后残留灰分很少,对分析结果几乎不产生影响,适于作精密定量分析。

2. 滤纸灰化与沉淀焙烧

将漏斗内的滤纸用扁头玻璃棒挑起边角,向内折叠,使滤纸包裹沉淀。将沉淀和滤纸一起移入已焙烧恒重的瓷坩埚中。瓷坩埚通常已由实验室焙烧恒重(如果需要个人准备恒重的坩埚,请参阅实验教材 76 页所示的方法多次焙烧和称量,直至恒重为止),存放于干燥器中,同学们拿取坩埚称量时请用镊子或戴手套,不要用手直接接触(称量后可用手接触)。请务必记好所取坩埚的号码,防止焙烧时发生混乱。

滤纸灰化方式如图 1-26 所示。叠好的滤纸放入坩埚后置于电炉上,坩埚上加盖并留有缝隙。如果不加盖则灰化温度不够,灰化速度慢;完全盖住不留缝隙又会导致缺氧,影响灰化。打开电炉加热至滤纸完全灰化(黑色滤纸颗粒消失,呈灰白色),转移至马弗炉,800 ℃ 焙烧 30 min。从马弗炉中取出坩埚置于干燥器中冷却至室温,称量,反复焙烧,直至恒重。

图 1-26　滤纸灰化示意图

注意:灰化以及焙烧属于高温操作,一定在老师指导下进行,转移坩埚时使用合适的坩埚钳,防止烫伤。滤纸灰化时冒烟较多,可在通风橱中进行。灰化好的样品按规定位置放置,集中后统一焙烧。

取用及称量空坩埚时不记录坩埚号码是实验过程中常见的错误,由于是多个坩埚同时焙烧,不记录坩埚号码极易造成混乱。

三、实验记录和报告

实验记录主要包括坩埚、水泥样品、焙烧后坩埚与 $BaSO_4$ 的总质量等数据。实验报告可用线图形式简单描述实验过程,课后认真处理实验数据,结合实验结果对影响实验成败的关键因素进行讨论,完成课后习题。

四、问题与讨论

(1) 得到 $BaSO_4$ 沉淀后为什么要进行陈化?

由于小颗粒晶体比大颗粒晶体具有更大的溶解度,当两者处于同一溶液中时,对大晶体而言是饱和溶液,对小晶体而言则为不饱和,小晶体就不断溶解,同时构晶离子不断沉积到大晶体上,因而陈化可以得到更易过滤的大颗粒晶体。此外,在小晶体溶解过程中,结晶时混入晶体的杂质离子和母液等释放出来,提高了晶体的纯净度。

(2) 经陈化后的沉淀在过滤时,如何提高过滤速度?

①经陈化后,沉淀聚集于烧杯底部,明显与清液分离,过滤时小心采用倾泻法,先将清液倒入漏斗过滤,避免先倒入的沉淀堵塞滤纸,影响过滤速度;②制作水柱,提高过滤速度。

(3) 洗涤沉淀时,在使用洗涤液总量不变的情况下应采用什么原则?

应遵循“少量多次”的原则。

(4) 如何检验沉淀中氯离子是否洗净?

可用干净的小烧杯接取沉淀的洗涤液,在烧杯中滴加 AgNO₃ 溶液,如果没有白色沉淀生成,则证明氯离子已经洗净。

(5) 沉淀焙烧后在干燥器中冷却时应注意什么?

①将坩埚稍冷却后再放入干燥器;②仍然较热的坩埚放入干燥器后,由于空气膨胀会将干燥器盖子顶起,为防止干燥器盖子被顶翻打碎,应手扶盖子并不时推开一定缝隙,放出热空气。

(王金刚编写)

实验 31　邻二氮菲吸光光度法测定铁

一、预习提要

本实验主要练习分光光度计的使用和数据处理的方法,课前请认真阅读分光光度计的使用方法和实验内容,回答下列问题:

(1) 本实验的工作有哪几项(不进行溶液酸度、显色剂用量和显色时间等条件实验的情况下)?

(2) 做吸收曲线、即选择波长时,每次是否应调整参比溶液透光率为 100%?

(3) 固定波长(最大吸收波长)测定不同浓度溶液的吸光度时,是否需要每次都调参比溶液透光率为 100%?

(4) 配制一系列不同 Fe 浓度的溶液时,各物质溶液的加入顺序是否有要求?

二、实验指导

本实验根据课时的不同可安排全条件实验和部分条件实验。全条件实验时除进行吸收曲线的制作和波长的选择外,还要对适宜溶液酸度和显色剂用量、显色时间进行实验,以确定最佳的测定条件。

部分条件实验则主要进行以下四个方面的工作:①配制一系列 Fe 浓度不同的溶液;②利用某一浓度的溶液选择最大吸收波长;③在最大吸收波长处测定各溶液的吸光度,做出标准曲线;④测定未知液吸光度,根据标准曲线或所确定的直线方程计算未知液浓度。本实验主要就部分条件实验所应完成的工作进行指导。

1. 不同浓度 Fe 溶液的配制

配制不同浓度的 Fe 溶液时,各溶液的加入顺序不能乱,如加入铁标准液后,随后加入盐酸羟胺是为将 Fe^{3+} 还原为 Fe^{2+},再加邻二氮菲则形成稳定的配合物,用缓冲溶液调整 pH 后会形成明显的颜色,可用于测定。如果加错顺序,如过早加入缓冲溶液，Fe^{3+} 或 Fe^{2+} 在碱性条件下会形成沉淀，难以进行下面的显色反应。

进行本步实验最好两位同学配合，一人依次在几个容量瓶中加入 Fe 标准溶液，另一人随后依次加入盐酸羟胺，然后再依次加入其他试剂，这样不会造成混乱或忘记加液的情况。容量瓶应该编号，防止测定时弄混。

2. 吸收曲线与最大波长选择

可以选择所配制的一个溶液（如选择加入 6 mL 标准 Fe 的溶液）作为工作溶液选择波长，以加入 0 mL 标准 Fe 的溶液作参比。每次改变波长都应重新将参比的透光率调整为 100%。以波长为横坐标、不同波长处的吸光度为纵坐标可以得到吸收曲线，选择最大吸光度处的波长作为工作波长。

3. 标准曲线绘制

利用前述实验确定的波长，在波长不变的情况下测定其他几个溶液的吸光度（第一次测之前用参比调整一次透光率为 100%，以后只要波长不变就不需再调整，可连续测定不同浓度溶液的吸光度），利用不同浓度的溶液所对应的吸光度作图，得到标准曲线。

4. 未知液浓度测定

在最大吸收波长处测定未知液的吸光度，利用标准曲线计算未知液浓度。

在进行本实验时，初次使用分光光度计的同学往往被何时调整参比溶液的透光率所困扰，其实只有一个简单原则，即只要波长改变，就要重新调整参比溶液透光率为 100%（选最大波长，使用同一溶液）；波长不变（固定最大吸收波长后，测定不同浓度溶液吸光度），只需第一次时调整参比溶液透光率为 100%，以后直接测量吸光度即可。

三、实验数据处理

本实验需要对获得的实验数据进行作图处理。作图时可以使用传统的坐标纸方式，但在电脑普及的今天，用电脑作图可以获得更为准确的结果。由于不少初入大学的同学还未接触这方面知识，这里演示两种简单的方式。

1. 用 Origin 专业作图软件

以 Origin 9.0 为例，打开软件后，呈现的是一个表格的形式，把第一列[A(X)]填上溶液浓度，第二列[B(Y)]填上所获得吸光度，如图 1-27(a)所示。

将数据全选后点击如图 1-27(b)中箭头所示图标，得到一个点图，如图 1-28 所示。

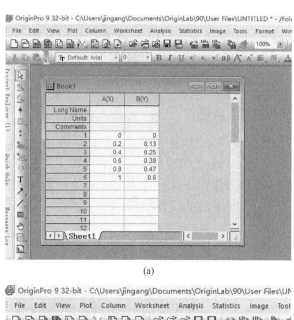

(a)

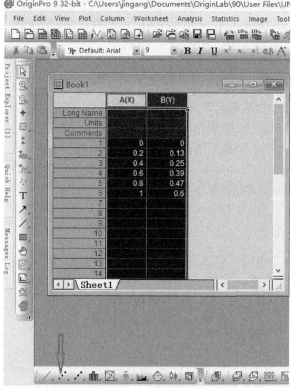

(b)

图 1-27　Origin 软件数据导入方法

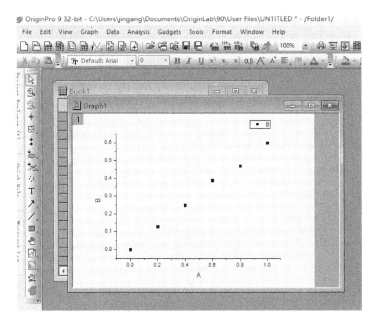

图 1-28　Origin 散点图

点击如图 1-29 所示的 Analysis-Fitting-Linear Fit 选项进行线性回归，得到如图 1-30(a) 所示的回归直线。

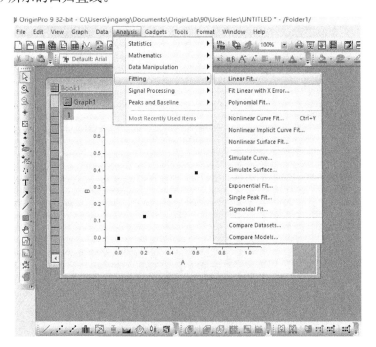

图 1-29　Origin 导入回归直线的方法

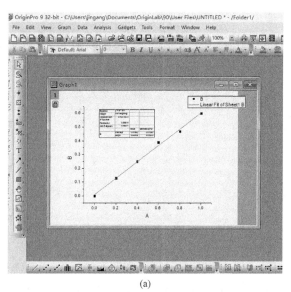

(a)

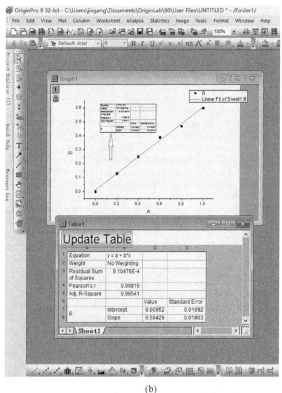

(b)

图 1-30　回归直线及相应的直线方程

得到图 1-30(a)所示的回归直线后，双击图 1-30(b)上箭头所示的图表，得到

图 1-30(b)中下方所示的放大图表(Table 1),其所示的 $y=a+b*x$ 即为直线方程,b 为斜率,a 为截距。图 1-30(b)中所得 a 和 b 分别为 0.009 52 和 0.594 29,可简化为两位有效数字。

双击图 1-31 中箭头所示位置,可将 A、B 等修改为"浓度""吸光度"等物理量,并注明单位;选中图 1-31 中的表格(方框),可以将其删除,使界面美观(图 1-32)。

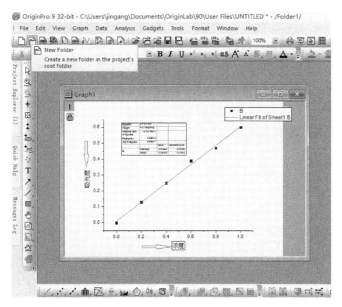

图 1-31　修改坐标

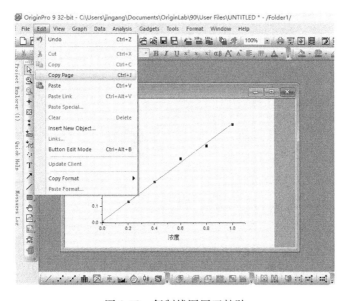

图 1-32　复制线图用于粘贴

按图 1-32 所示的方式选择 Edit-Copy Page 按钮,将得到的图复制后粘贴于 word 文档中,打印后粘贴于实验报告中。

2. 用 Excel 作图

Office 软件中的 Excel 使用更为普遍,也可以利用其作图。如图 1-33 所示,新建一个 Excel 文件,打开后填入数据。全选数据,点击插入图表,选择散点图并点击下一步。

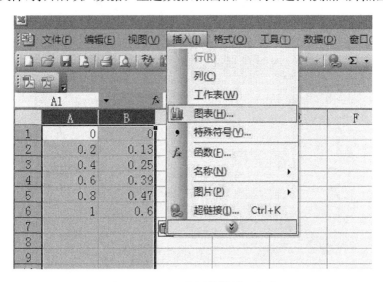

图 1-33　Excel 作图数据导入方法

按照图 1-34 所示点击"下一步",得到图 1-35,可以在左侧填入图称、坐标名等。

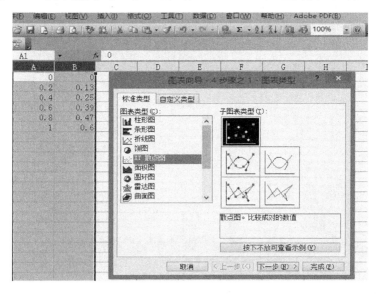

图 1-34　Excel 散点图的绘制

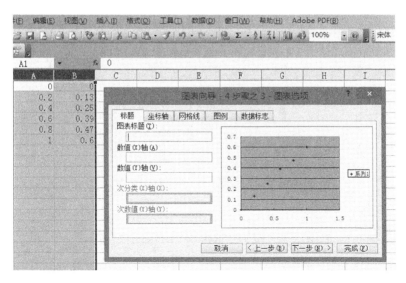

图 1-35　Excel 作图图表标题和坐标轴的填写

点击图 1-36 的网格线选项可以去掉网格,点击下一步选择插入形式后点击完成,得到如图 1-37 所示的点图。

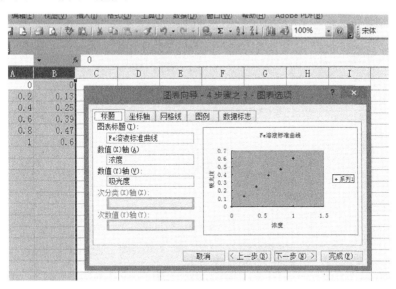

图 1-36　Excel 图中网格的去除方法

从菜单栏点击图表,选择添加趋势线,选择第一个类型,再点击选项后,下面三个框都选中,点确定。方程和相关系数都可以得到,如图 1-38 所示。

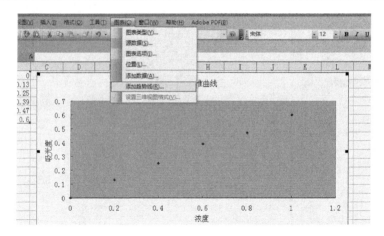

图 1-37　Excel 去除网格线后得到的散点图

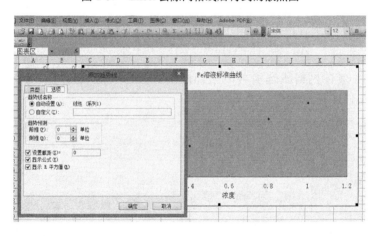

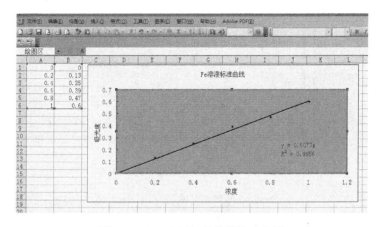

图 1-38　Excel 添加趋势线的示意图

将得到的图复制后可以直接粘贴到 Word 文档打印。

四、问题与讨论

（1）分别用什么仪器量取 Fe 标准溶液、盐酸羟胺、邻二氮菲和 NaAc 溶液？

除 Fe 标准溶液外，其他几种溶液的量取精度要求不高，但由于所取体积较小，为方便起见，仍建议使用合适容量的移液管或吸量管取液。

（2）为什么选择最大吸收波长作为测定物质浓度的工作波长？

最大吸收波长处测量物质浓度具有最高的灵敏度，同时，最大吸收波长处于吸收曲线的"拐点"，波长选择稍有误差对结果影响不明显。因而，测定物质的吸光度一般选择最大吸收波长。但是，如果在最大吸收波长处存在其他吸光物质干扰，则应根据"吸收最大、干扰最小"的原则选择入射光波长。

附："邻二氮菲吸光光度法测定铁"全条件实验

上述条件实验部分只进行了测量波长的选择，其他如酸度、显色时间等条件直接给定，适合较短课时实验的练习之用。实际的分光实验条件选择，如测量波长、酸度、显色剂用量、显色时间等必须通过实验确定。进行各个条件实验时应注意，在考察某一因素的影响时，其他条件必须保持一致，如考察酸度的影响，每个容量瓶中只改变 NaOH 的加入量，其他试剂用量以及波长、显色时间等均需保持一致。

（1）波长选择：见本实验前述内容。

（2）酸度选择：改变酸度，测定不同 pH 下溶液的吸光度，如果吸收曲线如图 1-39 所示，则适宜 pH 范围应选择 $4 \sim 9$，此 pH 范围内，溶液吸光度基本不变，微小的 pH 变化对吸光度几乎无影响。

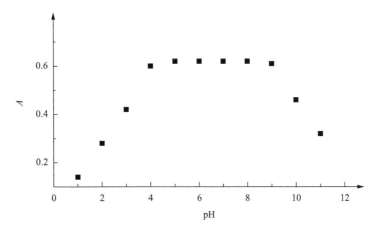

图 1-39　pH 对邻二氮菲-Fe^{2+} 吸光度影响

（3）显色剂用量选择：与酸度选择类似，改变显色剂的加入量，分别测定溶液的吸光度，选择吸光度较为稳定的区域，其对应的显色剂用量即为适宜的显色剂加入量。

（4）显色时间：与酸度选择类似，其他条件不变，测定不同显色时间的溶液吸光度，选择吸光度无明显变化的时间区间即为适宜的显色时间。

（王金刚编写）

第二章　综合实验

实验 32　硫酸亚铁铵的制备及组成分析

一、预习提要

本实验除进行一般制备实验的操作练习(溶解、加热、蒸发、常压过滤、减压过滤等)外,还学习复盐的概念和制备方法以及理论产量的计算原则。

认真预习实验内容,回答下列问题:

(1) 什么是复盐?

(2) 复盐制备的原理是什么?

(3) 制备莫尔盐需用两种原料——$FeSO_4$ 与 $(NH_4)_2SO_4$,应如何计算理论产量?

(4) 在产品溶液中加入 KSCN 进行等级判断的原理是什么?

(5) 溶解单质铁时用多大浓度的硫酸? 如果使用浓硫酸会出现什么情况?

二、实验指导

硫酸亚铁铵又称莫尔盐,外观呈淡绿色,莫尔盐固体中的亚铁在空气中不易被氧化,稳定性比硫酸亚铁大得多。

复盐是由两种或两种以上的简单盐类组成的同晶型化合物,由于复盐的溶解度小于组成它的任意一种盐的溶解度,因此当由制备复盐所需的原料盐组成的溶液浓缩时,溶解度最小的复盐最先析出,溶解度较大的过量原料盐留在母液中,通过过滤加以分离。

本实验以废铁屑为原料,经稀硫酸溶解制得硫酸亚铁后与硫酸铵共同溶解,加热浓缩混合液,冷却后析出莫尔盐,通过减压过滤分离。

提醒:作为连贯性实验的一部分,本实验所制备硫酸亚铁铵可以根据老师的要求保存,作为实验 33[三乙二酸合铁(Ⅲ)酸钾的制备及组成分析]的原料使用。

1. 铁屑的净化

实验所需铁屑一般来自工厂的切削废料,表面有较多机油等物质,需要先将铁屑在纯碱溶液中煮沸并维持一段时间,保证油污被充分洗掉,倾泻法倒掉废液后再用蒸馏水冲洗至中性。

煮沸过程中易产生大量气泡,要注意控制电炉温度,防止溶液溢出,同时注意用洗瓶补水,防止蒸干。此外,加热锥形瓶前先将底部擦干,防止锥形瓶炸裂。

2. 硫酸亚铁的制备

清洗后的铁屑加入稀硫酸加热溶解,注意控制加热温度并补充水分,反应至不再产生气泡为止。由于铁屑中杂质较多,硫酸溶解过程中会放出刺鼻的气体,反应需在通风橱中进行。溶解过程中注意检验溶液 pH$<$2,防止 Fe^{2+} 的水解和被氧化。

溶解铁屑时使用 3 mol·L^{-1} 的稀硫酸,如果使用浓硫酸,常温时不与铁反应,加热条件下则会把单质铁氧化为 $Fe_2(SO_4)_3$,致使制备失败。因此,同学们选用硫酸时要注意其浓度,尤其在实验室可能配备多种浓度硫酸的情况下。

溶解完成后趁热进行常压过滤,滤液转移至蒸发皿(保证不发生溅出的情况下可直接过滤至蒸发皿中)。

3. 硫酸亚铁铵的制备

按 $FeSO_4$(理论产量)与$(NH_4)_2SO_4$ 的质量比为 1∶0.75 的量称取$(NH_4)_2SO_4$并溶于 $FeSO_4$ 溶液中。选择 1∶0.75 的比例已经充分考虑了 Fe 在废铁屑中的含量,如果在制备 $FeSO_4$ 的过程中没有因不规范造成的明显损失,所加$(NH_4)_2SO_4$ 的量仍小于 $FeSO_4$。

加热过程中注意慢火和搅拌,防止晶体迸溅。浓缩至出现晶膜或溶液变浑浊即停止加热,切不可过度蒸发,否则过量的 $FeSO_4$ 会混入莫尔盐。将溶液充分冷却后(可使用冰水浴加快冷却结晶),莫尔盐晶体析出,采用减压过滤方式获得晶体,母液弃去。用实验室提供的方形滤纸压滤晶体(切不可用蒸馏水冲洗),称重,计算产率。

提醒:得到的产物应是淡绿色、细颗粒状晶体,如果为白色糊状,是浓缩过度所致,可将产物加水溶解,重新蒸发浓缩后冷却结晶。

理论产量的计算:本实验的原料有两种——铁屑和硫酸铵,莫尔盐是由 $FeSO_4$和$(NH_4)_2SO_4$ 按 1∶1 的物质的量比制备而来,应该按哪种物质计算理论产量呢?我们都知道所谓的"短板理论",也就是说一个木桶所盛水量不是由水桶中最高的那块木板决定的,而是最低的那块。同理,计算理论产量应该按两种组分中物质的量(按组成比例换算后)少的那种进行。本实验中,$(NH_4)_2SO_4$ 是用量少的组分,而且其质量经过了较准确的称量,应该以$(NH_4)_2SO_4$ 的用量计算理论产量,实际产量与之相除后即为产率。

$$产率 = \frac{实际产量}{理论产量} \times 100\%$$

4. 产品纯度检验

利用 KSCN 与 Fe^{3+} 反应显红色的原理、采用简单的比色法判定产品中杂质

Fe(Ⅲ)的含量。溶液配制在比色管中进行,加入产品和无氧水后用玻璃塞塞住,振荡溶解。实验室会事先准备三只盛有不同等级硫酸亚铁铵溶液的比色管,可以自行通过比色确定产品等级,也可以交由老师断定。

无氧水:实验室用无氧水是把二次蒸馏水煮沸后再通氮气冷却制得,本实验用无氧水可简单地将蒸馏水煮沸后冷却使用(冷却时盖上表面皿),实验进行中注意事先煮沸一杯蒸馏水备用,以免后期耽误时间。

三、实验记录和报告

实验记录可简单记录铁屑质量、$(NH_4)_2SO_4$ 质量和产品质量、产品等级等信息。

实验报告的过程可采用流程图的方式进行,参考形式如下,可根据个人情况进行适当调整:

$$2\text{ g 铁屑} \xrightarrow[\text{煮沸,清洗}]{10 \text{ mL 纯碱溶液}} \text{除油污后铁屑} \xrightarrow[\text{加热}]{15 \text{ mL 稀硫酸}} \xrightarrow{\text{反应完全,过滤}} \text{滤液} \longrightarrow$$

滤液中加( )g 硫酸铵,溶解——→加热浓缩——→冷却,过滤,压滤——→淡绿色产品

产品外观:_____ 产品质量:_____ 产率:_____ 产品等级_____

作为制备实验,产量、产率、产品质量好坏是几个不可缺少的要素,写实验报告时不要遗漏。完成上述内容后,可根据制备情况进行结果讨论并完成老师布置的习题。

四、问题与讨论

(1) 在产品制备过程中为什么要保持溶液所需的必要酸度?

制备过程保持一定的酸度是必要的,否则会引发 Fe^{2+} 的水解和被氧化,造成产品不纯。

(2) 在浓缩结晶阶段如果发现溶液显黄色,应如何处理?

浓缩阶段溶液颜色由蓝绿变黄色,说明溶液酸度不够,引发 Fe^{2+} 的水解和氧化,应向反应液中加入少量硫酸以提高酸度,同时加入几粒纯净铁粒,将 Fe^{3+} 还原为 Fe^{2+}。

(3) 硫酸亚铁铵宜采用什么方式结晶?

当浓缩结束,结晶时宜采用冷水浴快速结晶,由于温度下降快,晶核生成多,所得到晶体晶粒小,不易包藏杂质,可提高产品纯度。

(王金刚编写)

实验 33　三乙二酸合铁(Ⅲ)酸钾的制备及组成分析

一、预 习 提 要

本实验的任务是进行配合物的制备、性质分析和组成测定,除在制备过程中继续练习溶解、沉淀、过滤、蒸发、浓缩等操作外,还将进行内外界测定、感光性能等定性分析。作为综合性实验项目,本实验还将采用氧化还原滴定法进行产物组成和纯度检验的定量分析,是一个能对学生实验能力进行多方面检验的综合性实验。

认真预习实验内容,回答下列问题:

(1) 获得 $Fe(OH)_3$ 沉淀后,要将混合液煮沸一段时间并注意搅拌,原因是什么?

(2) 得到的 $Fe(OH)_3$ 沉淀要用热水洗涤,主要是为除去哪些杂质?

(3) 用饱和酒石酸氢钠检验三乙二酸合铁(Ⅲ)酸钾的 K^+ 是否是外界时,如何掌握溶液加入顺序才能观察到明显的实验现象?

(4) 用铁氰酸钾测试三乙二酸合铁(Ⅲ)酸钾的感光性依据的是什么原理?

(5) 最后的产品溶液直接用冰水冷却时获得的晶体颗粒较小,若想获得大颗粒的晶体应如何操作?

(6) 用高锰酸钾溶液滴定产品中 $C_2O_4^{2-}$ 时,应在滴定速度上掌握什么原则?

二、实 验 指 导

影响本实验制备速度和成功率的因素很多,同学们要仔细看好各步的要求,明白相关机理,提高实验的成功率。本部分内容重点对制备方法进行指导。

1. 三乙二酸合铁(Ⅲ)酸钾的制备

1) $Fe(OH)_3$ 沉淀的制备和洗涤

将 5 g 莫尔盐(可使用"硫酸亚铁铵的制备及组成分析"实验中获得的莫尔盐)溶于 100 mL 水中,加入过量 50% 的 6.0 mol·L^{-1} 的氨水,搅拌均匀后生成墨绿色沉淀。一次性倒入过量 50% 的过氧化氢溶液,快速搅拌氧化,生成红棕色 $Fe(OH)_3$ 沉淀。

在一些版本的实验讲义中,$Fe(OH)_3$ 沉淀的制备步骤为先用双氧水氧化 Fe^{2+} 为 Fe^{3+},再加氨水调节 pH,使 Fe^{3+} 生成 $Fe(OH)_3$ 沉淀。然而莫尔盐直接溶解得到的 Fe^{2+} 溶液酸度较高,此时 Fe^{2+} 具有一定的稳定性,氧化速度较慢。此外,为提高过氧化氢对 Fe^{2+} 的氧化速度,通常需将溶液温度调整至 40 ℃,此温度下长时间反应也增加了过氧化氢的消耗,造成不必要的浪费。

本部分操作采用先加氨水调节 pH、再用双氧水氧化的方式进行。氨水加入后,

Fe^{2+} 在此条件下主要生成 $Fe(OH)_2$ 沉淀,但 $Fe(OH)_2$ 不稳定,部分被氧化而使体系呈现墨绿色;再加过量双氧水时,即使不加热,过氧化氢也能迅速将 $Fe(OH)_2$ 氧化为 $Fe(OH)_3$,这可以从电极电势的变化得到解释。由于 $Fe(OH)_3$ 的溶解度远小于 $Fe(OH)_2$,在强碱性环境下,Fe^{3+}/Fe^{2+} 电对的实际电位会发生显著下降,而 H_2O_2/H_2O 电对的实际电位受酸度影响并不明显。以氨水调节 pH=10 为例,此时 Fe^{3+}/Fe^{2+} 电对的实际电位为 -0.31 V(其标准电位为 0.771 V),而 H_2O_2/H_2O 电对的实际电位为 1.18 V(其标准电位为 1.77 V),pH 的提高使 H_2O_2/H_2O 电对与 Fe^{3+}/Fe^{2+} 电对的电位差变大,氧化更为容易。

氨水以及双氧水都可以过量加入,保证沉淀以及氧化完全,过量 NH_3 和 H_2O_2 都可以加热除去。

生成 $Fe(OH)_2$ 沉淀后加入双氧水时,应将事先量好的双氧水一次性倒入烧杯并迅速搅拌,直至不再产生气泡。注意不要慢慢滴加,因为在碱性条件下,被氧化后生成的 Fe^{3+} 有可能与还未被氧化的 Fe^{2+} 发生反应,生成黑色四氧化三铁,影响实验效果。由于强碱性条件下 Fe^{3+}/Fe^{2+} 电对的电极电势很低,氧化反应极易进行,无需慢慢滴加双氧水,甚至无需通过微热加快反应速率,但加入双氧水后的快速搅拌必不可少,使 $Fe(OH)_2$ 被快速氧化,防止黑色四氧化三铁生成。

可用 $K_3[Fe(CN)_6]$ 溶液检验氧化是否完全,如果氧化不完全,$K_3[Fe(CN)_6]$ 与 Fe^{2+} 反应得到蓝色沉淀,反应如下:

$$x\,Fe^{2+} + xK^+ + x\,[Fe(CN)_6]^{3-} \longrightarrow [KFe(CN)_6Fe]_x$$

制得 $Fe(OH)_3$ 后将混合液煮沸,并保持微沸 5 min。由于生成的 $Fe(OH)_3$ 为胶体沉淀,煮沸可以破坏胶体的稳定性,易于通过过滤的方式得到 $Fe(OH)_3$ 沉淀。煮沸后的混合液静置后会出现分层,可用倾泻法将上层清液倒出。倾泻法操作如图 2-1 所示。

在留下的沉淀中加水,加热并搅拌进行充分洗涤,然后减压过滤(抽滤),以除去 SO_4^{2-}、NH_4^+ 等杂质离子。减压过滤装置的安装以及注意事项可参考实验 5(粗盐的提纯)的相关内容。获得的沉淀再用约 50 mL 热水洗涤,可采用边抽滤、边慢慢浇淋的方式进行,充分抽滤,得到红棕色 $Fe(OH)_3$ 滤饼,用玻璃棒挑起滤纸一边,将滤饼连同滤纸一同取出备用。

图 2-1 倾泻法示意图

实验中得到 $Fe(OH)_3$ 沉淀并将混合液煮沸后,沉降分层的效果可能不佳,此时可直接进行减压过滤,但应该用热水充分淋洗滤饼,保证杂质离子去除干净。

2) 三乙二酸合铁(Ⅲ)酸钾的制备

将称取的 2 g 氢氧化钾和 4 g 乙二酸(草酸)溶于水中,加入制取的 $Fe(OH)_3$ 沉淀。

　　为缩短过滤以及最后加热浓缩的时间,溶解氢氧化钾和乙二酸的水以 50～70 mL 为宜,加热以提高溶解速率。根据以往的经验,沉降较好的 $Fe(OH)_3$ 经充分抽滤后,滤饼会发生龟裂,容易被成块取下;而当制备的 $Fe(OH)_3$ 沉淀黏度过大时则难以成块取下,此时可将滤纸连同滤饼一同放入溶有氢氧化钾和乙二酸的溶液,略微加热即可使滤纸与滤饼分离,再取出滤纸即可。

　　溶液与 $Fe(OH)_3$ 沉淀混合后在电炉上加热,使 $Fe(OH)_3$ 沉淀溶解。

　　这一步的沉淀溶解反应速率较慢,可使混合液保持微沸,反应 10～15 min。此时溶液应呈翠绿色,当沉淀较为分散时可能观察不到翠绿的颜色,这是由于 $Fe(OH)_3$ 沉淀混杂的结果,过滤后即可观察到。

　　此溶解步骤中,$Fe(OH)_3$ 沉淀过量[溶解反应后 $Fe(OH)_3$ 有剩余]是制备实验成功的关键,否则在产品中会混入黄色晶体(可能是 $H_2C_2O_4$、KHC_2O_4 或 $K_2C_2O_4$,因吸附产品溶液而显黄色)。若 $Fe(OH)_3$ 沉淀已经完全溶解,可适量补充。

　　将反应后的混合液常压过滤,除去过量 $Fe(OH)_3$ 沉淀。将过滤后的翠绿色溶液收集至蒸发皿,直接在电炉上煮沸浓缩至一定体积,冷却结晶,获得翠绿色的三乙二酸合铁(Ⅲ)酸钾晶体。

　　若想直接得到晶体,根据本次实验试剂的使用量,可将溶液浓缩至 10 mL 左右,转移至小烧杯后放到冰水浴中冷却,一般很快会出现结晶。有时充分冷却后也观察不到晶体生成,但此时溶液已处于过饱和状态,可轻轻晃动烧杯,破坏溶液的平衡状态,或丢入一个小颗粒晶体,结晶会很快出现。采用这种方式制备晶体,由于结晶速度快,产生晶种多,得到的晶体颗粒较小。

　　若想得到大颗粒晶体,可采用慢结晶的方式进行。按本实验的试剂加入量,可将溶液浓缩至约 20 mL,避光置于暗处,使溶液中水慢慢挥发(为减缓水挥发速度,可将烧杯口遮蔽一部分),通常几天后可获得大颗粒晶体;如果在出现晶体后除去多余的晶粒,只保留几颗晶体做晶种,最后可获得大颗粒单晶。图 2-2 为学生在制备实验中所获得的三乙二酸合铁(Ⅲ)酸钾晶体(右图为单晶)。

图 2-2　三乙二酸合铁(Ⅲ)酸钾晶体

　　获得晶体后可采用倾泻法将溶液倾去,用方形滤纸压滤后,再用少量乙醇冲洗,再压滤后晾干。也可以采用减压过滤的方式除去滤液,用少量乙醇冲洗后再抽滤,将晶体晾干即可。将获得的晶体称重,计算产率并进行下一步定性和定量分析。

乙醇冲洗要在滤液充分除去后进行,由于强电解质在有机溶剂中的溶解度较小,过早加入乙醇后会导致溶液中的可溶性物质结晶析出(如乙二酸盐),导致晶体中混入杂质。充分抽滤或压滤后再用少量乙醇(注意千万不能用水)冲洗,在除去表面吸附的少量杂质的基础上,对晶体纯度无明显影响,同时由于乙醇的易挥发性,也加快了晶体干燥速度。

在实验中发现,有同学为提高产品产率,在将晶体由烧杯转移至布氏漏斗抽滤后,又用乙醇冲洗烧杯中的残余晶体,再将混合了晶体的乙醇溶液合并至布氏漏斗。这样做的后果是烧杯中残留溶液中的乙二酸盐在乙醇作用下结晶析出,混入所制备产品中,导致产品纯度检验时出现大量乙二酸钙沉淀。

2. 产物的光敏实验

三乙二酸合铁(Ⅲ)酸钾感光性强,在日光照射下反应迅速,可在光照条件良好的条件下进行此实验。由于 $K_3[Fe(C_2O_4)_3]$ 感光后生成 FeC_2O_4,与 $K_3[Fe(CN)_6]$ 作用得到蓝色的 $[KFe(CN)_6Fe]_x$,可检验 $K_3[Fe(C_2O_4)_3]$ 的感光性。

3. 产物的定性分析

定性分析进行配合物的内外界检验。将 $0.3\,g$ 产品溶于 $5\,mL$ 水中,再分别置于三支试管中,用于检验 K^+、$C_2O_4^{2-}$ 以及 Fe^{3+} 属于内界还是外界,可设计表格用于记录实验现象,参考格式如表 2-1 所示。

表 2-1 配合物的内外界检验

样品 试剂	$K_3[Fe(C_2O_4)_3]$	$K_2C_2O_4$
饱和酒石酸氢钠 ($NaHC_4H_4O_6$)	毛絮状晶体析出	毛絮状晶体析出
$CaCl_2(aq)$	无明显现象	白色沉淀

检验 K^+ 的内外界时应注意溶液的加入顺序:先在一干燥的试管中加入约 $1\,mL$ 饱和酒石酸氢钠溶液,再向试管中滴入 $1\sim2$ 滴产品溶液。由于酒石酸氢钾的溶解度小于酒石酸氢钠,当少量 $K_3[Fe(C_2O_4)_3]$ 溶液滴入饱和酒石酸氢钠中时,溶解度更小的酒石酸氢钾析出;但如果是将酒石酸氢钠溶液滴入 $K_3[Fe(C_2O_4)_3]$ 溶液,由于 $K_3[Fe(C_2O_4)_3]$ 溶液自身浓度较低,加入几滴酒石酸氢钠溶液不足以使酒石酸氢钾析出。

另外,即使溶液加入顺序正确,由于生成过饱和溶液而看不到酒石酸氢钾沉淀,可振荡试管或用玻璃棒探入溶液中摩擦试管内壁,破坏溶液的过饱和状态,很快会有白色絮状晶体生成。

$C_2O_4^{2-}$ 和 Fe^{3+} 的检验较为简单，Fe^{3+} 与 KSCN 作用时生成红色配合物，现象明显。

4. 产物的定量分析

定量分析采用氧化还原滴定法，需用分析天平准确称量三乙二酸合铁（Ⅲ）酸钾后配成溶液，以高锰酸钾为滴定剂，先滴定产物中的 $C_2O_4^{2-}$，再用金属锌为还原剂，将 Fe^{3+} 还原为 Fe^{2+}，继续用高锰酸钾溶液滴定 Fe^{2+}。

高锰酸钾的配制和使用有一定要求（可复习有关氧化还原滴定的知识），一般由实验室事先配好，滴定前需进行浓度标定；如果实验室已经提供准确浓度，可直接进行后面的滴定实验。高锰酸钾滴定 $C_2O_4^{2-}$ 的反应属有机物氧化，反应方程式如下：

$$2MnO_4^- + 5C_2O_4^{2-} + 16H^+ = 2Mn^{2+} + 10CO_2\uparrow + 8H_2O$$

开始反应较慢，滴定时要掌握以下要点，防止滴定过量：

（1）温度。此反应在室温下速度极慢，需加热至 70～80 ℃滴定。但若温度超过 90 ℃，则 $H_2C_2O_4$（酸性体系）部分分解：

$$H_2C_2O_4 = CO_2\uparrow + CO\uparrow + H_2O$$

（2）酸度。酸度过低，MnO_4^- 会部分被还原成 MnO_2；酸度过高，会促进 $H_2C_2O_4$ 分解。一般滴定开始的最宜酸度约为 $1\ mol \cdot L^{-1}$，滴定应当在 H_2SO_4 介质中进行。

（3）滴定速度。开始滴定时，MnO_4^- 与 $C_2O_4^{2-}$ 的反应速率很慢，滴入的 $KMnO_4$ 褪色较慢。因此，滴定开始阶段滴定速度不宜太快。否则，滴入的 $KMnO_4$ 来不及与 $C_2O_4^{2-}$ 反应就在热的酸性溶液中发生分解：$4MnO_4^- + 12H^+ = 4Mn^{2+} + 5O_2\uparrow + 6H_2O$。刚开始时，每加入一滴高锰酸钾都应充分振荡锥形瓶，至溶液颜色褪去后再加下一滴。后期随着反应速率加快，高锰酸钾的加入速率可以相应提高。

（4）催化剂。高锰酸钾的还原产物 Mn^{2+} 是反应的催化剂，属自催化反应，后期反应速率会逐渐加快。为提高初始反应速率，也可以事先加入几滴 $MnSO_4$ 溶液。

由于高锰酸钾具有强氧化性，溶液必须装在酸式滴定管中。在酸性条件下，$KMnO_4$ 的还原产物 Mn^{2+} 几乎没有颜色，滴定终点时溶液会因 $KMnO_4$ 过量显示粉红色，指示终点的到达。

滴定 $C_2O_4^{2-}$ 后的溶液再用锌粉还原 Fe^{3+}，此过程因气体产生以及杂质的存在会产生刺鼻的气味，需在通风橱中进行；同时，由于大量氢气的生成，实验过程注意安全。

在滴定 $C_2O_4^{2-}$ 后再滴定 Fe^{2+} 时，一些同学不注意反应的物质的量比，习惯性地认为两步滴定消耗的高锰酸钾的量相同，导致滴定过量。因此，实验前应熟悉反应方程式，预估两步反应消耗的高锰酸钾的量，防止滴定过量。相比于滴定 $C_2O_4^{2-}$，高锰酸钾滴定 Fe^{2+} 时反应速率较快，不必采用开始慢滴的方式。

三、实验记录和报告

实验记录中制备部分简单记录几种制备原料的质量、产物质量和外观；定性和定量分析部分可作表记录实验现象，注意记录称取产品质量以及滴定剂的浓度和用量，便于课后进行实验数据处理。

实验报告的制备过程可参考"硫酸亚铁铵的制备及组成分析"实验的示例，用简单线图表示，记录产量，计算产率。性质检验部分可参考离子性质实验的报告格式，画四栏表，各栏项目分别为检验内容、实验现象、解释、结论。定量分析部分需根据称取的产品质量和滴定剂浓度以及两步各消耗的高锰酸钾的体积，计算产品纯度，并确定产品中 $C_2O_4^{2-}$ 和 Fe^{3+} 的物质的量比。

本实验属于综合性实验，实验内容多，报告处理量大，同学们在书写实验报告时要耐心梳理内容，认真完成实验报告。

四、问题与讨论

（1）本实验制备三乙二酸合铁（Ⅲ）酸钾时使用了三种原料：硫酸亚铁铵、氢氧化钾、乙二酸，应如何计算理论产量？依据是什么？

应按照用量最少的原则计算理论产量。依照本实验三种原料的使用量，物质的量比 $K^+ : Fe^{3+} : C_2O_4^{2-} = 0.0357 : 0.0128 : 0.0317$，产品中三者的比值为 3 : 1 : 3，经换算可知 $H_2C_2O_4 \cdot 2H_2O$ 的用量最少，$H_2C_2O_4 \cdot 2H_2O$ 应为计算理论产量的基准。

（2）制得 $Fe(OH)_3$ 沉淀后，如果沉淀没有经过充分洗涤会有什么结果？

如果沉淀不经过充分洗涤，会有硫酸盐混在产品中难以除去，导致产品纯度下降。

（王金刚编写）

实验 34 三氯化六氨合钴（Ⅲ）的制备及组成分析

一、预 习 提 要

钴（Ⅲ）的氨合物有多种，如 $[Co(NH_3)_5H_2O]Cl_3$ 是砖红色晶体，$[Co(NH_3)_6]Cl_3$ 是橙黄色晶体，$[Co(NH_3)_5Cl]Cl_2$ 是紫红色晶体。它们的制备条件各不相同，如以 $CoCl_2 \cdot 6H_2O$ 为主要反应物，在氨性缓冲溶液中用 H_2O_2 作氧化剂时，不加催化剂，主要生成 $[Co(NH_3)_5Cl]Cl_2$（将在设计实验中练习）；用活性炭作催化剂时，则主要生成 $[Co(NH_3)_6]Cl_3$（本实验内容）。

通过预习实验教材回答下列问题：

(1) 写出制备步骤中的各步反应方程式。

(2) $CoCl_2$ 与 NH_3 的反应体系中为何加入氯化铵？

(3) 制备反应中加 H_2O_2 的作用及注意事项。

(4) 简述配合物内界氨的测定原理。

(5) 简述配合物内界钴的测定原理，并写出相关反应式。

二、实 验 指 导

1. 三氯化六氨合钴(Ⅲ)的制备

(1) 在 100 mL 锥形瓶中加入 4 g NH_4Cl、7 mL H_2O 和 6 g 研细的 $CoCl_2 \cdot 6H_2O$ 晶体，加热至沸。

此步必须保证固体全部溶解，最好在磁力搅拌器上进行；此步骤加热不要过度，否则会导致水分蒸发，又析出固体。

加入氯化铵的目的有两个：①控制 OH^- 浓度，防止生成 $Co(OH)_2$ 沉淀；②为反应提供 Cl^-。

(2) 晶体溶解后，加入 0.3 g 活性炭。用水浴冷却后，加入 14 mL 浓氨水，进一步冷却至 10 ℃以下，用滴管逐滴加入 14 mL 6‰ H_2O_2 溶液。水浴加热至 50～60 ℃，恒温 20 min，并不断搅拌。

浓氨水、H_2O_2 都是极易挥发的物质，所以必须在低温下加入。

加 H_2O_2 的作用：将 $[Co(NH_3)_6]^{2+}$ 氧化为 $[Co(NH_3)_6]^{3+}$。

注意： H_2O_2 要用滴管逐滴加入，加入过快，氧化不完全造成产率低。反应完毕赶尽多余的 H_2O_2，否则会消耗后期加入的浓盐酸。

另注意控制好反应温度 50～60 ℃，过高会导致产物的分解转化。

(3) 用冰水浴冷却至 0 ℃左右，减压过滤，沉淀溶于含有 2 mL 浓盐酸的 25 mL 沸水中。趁热抽滤，于滤液中慢慢加入 7 mL 浓盐酸，即有大量的橙黄色晶体析出，用水浴冷却后过滤。晶体用少许乙醇洗涤，抽干。将固体在烘箱中于 105 ℃烘干 20 min。称重，计算产率。

此步是制出产品的关键，各步操作要仔细，由于钴(Ⅲ)的氨合物有多种，$[Co(NH_3)_5H_2O]Cl_3$ 是砖红色晶体，$[Co(NH_3)_6]Cl_3$ 是橙黄色晶体，$[Co(NH_3)_5Cl]Cl_2$ 是紫红色晶体；而无水 $CoCl_2$ 是蓝色，$Co(OH)Cl$ 是蓝色，若发现产品的颜色不对，要及时分析原因，看能否有补救措施。

产品烘干温度不宜过高，否则易转化为 $CoCl_2$（无水蓝色）等。

制备反应相关方程式：

$$2CoCl_2 + 10NH_3 + 2NH_4Cl = 2[Co(NH_3)_6]^{2+} + 2H^+ + 6Cl^-$$

$$2[Co(NH_3)_6]^{2+} + H_2O_2 = 2[Co(NH_3)_6]^{3+} + 2OH^-$$

$$[Co(NH_3)_6]^{3+} + 3Cl^- = [Co(NH_3)_6]Cl_3$$

2. 三氯化六氨合钴(Ⅲ)组成分析

(1) 氨的测定。准确称取 0.2 g 左右样品(精确至 0.0001 g),放入 250 mL 锥形瓶中,加 80 mL 水溶解,然后加入 10 mL 2.0 mol·L^{-1}的 NaOH 溶液。在另一锥形瓶中准确加入 30 mL 0.5 mol·L^{-1}标准盐酸溶液,放入冰水浴中冷却。

为更准确地测定氨含量,本书对实验教材中相关内容改进如下:准确称取 0.2 g 左右样品(精确至 0.0001 g),放入 100 mL 的蒸馏瓶中,加 10 mL 左右水溶解,然后加入 10 mL 10%的 NaOH 溶液(为防沸,可加一小块沸石)。在另一干净干燥的蒸馏瓶(作接受瓶)中用滴定管准确加入 30 mL 浓度约为 0.5 mol·L^{-1}的标准盐酸溶液(盐酸浓度需标定),放入冰水浴中冷却,然后将蒸馏瓶接入如图 2-3 所示的装置中。加热煮沸盛有样品的蒸馏瓶,用盛有盐酸标准溶液的蒸馏瓶接收溢出的氨气。

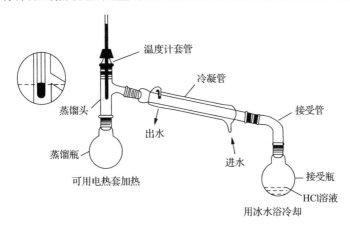

温度计套管

冷凝管

接受管

蒸馏头

出水

进水

蒸馏瓶

可用电热套加热

接受瓶

HCl溶液

用冰水浴冷却

图 2-3　三氯化六氨合钴(Ⅲ)中氨含量检验实验装置图

由于氨易挥发,因此整套装置加热前必须检漏,同时通过水冷、冰水浴等措施来降低其挥发导致的误差。吸收装置中加漏斗的目的一是增大接触面积便于氨的吸收;二是防止倒吸。

因氨的测定需定量,所以吸收液盐酸的量必须准确读数,接受瓶要干净干燥。

内界氨的测定原理:在强碱性介质中煮沸时,钴氨配合物内界可分解为氨气和 Co(OH)$_3$ 沉淀。用准确量的标准盐酸吸收所挥发出来的氨,剩余的盐酸用 NaOH 标准溶液返滴定,即可确定逸出氨的量。

$$2[Co(NH_3)_6]Cl_3 + 6NaOH = 2Co(OH)_3\downarrow + 12NH_3\uparrow + 6NaCl$$

(2) 钴的测定。称 0.2 g 左右样品(精确至 0.0001 g),加入 10 mL 水溶解,再加入 10 mL 2.0 mol·L⁻¹ 的 NaOH,加热至产生黑色沉淀,赶尽氨气。稍冷后加入 6 mL 6 mol·L⁻¹ HCl 溶液,滴入 1~2 滴 30% H₂O₂,加热至黑色沉淀全部溶解,溶液成透明的浅红色。准确加入 35~40 mL 0.05 mol·L⁻¹ 标准 EDTA 溶液,用 30% 的六亚甲基四胺调溶液 pH 至 5.6~6.2,加入 2~3 滴二甲酚橙,用 0.05 mol·L⁻¹ 标准 ZnCl₂ 溶液滴定,当样品溶液有橙色变为紫红色即为终点。计算钴的百分含量。

内界钴的测定原理:用强碱破坏内界,Co^{2+} 转化为 $Co(OH)_3$ 沉淀,用 HCl 溶液和 H₂O₂ 溶液将其还原为 CoCl₂,加入过量的 EDTA 标准溶液与 Co^{2+} 配位,多余的 EDTA 再用 ZnCl₂ 返滴定,从而间接求出钴的含量。

$$2[Co(NH_3)_6]Cl_3 + 6NaOH \Longrightarrow 2Co(OH)_3\downarrow + 12NH_3\uparrow + 6NaCl$$

$$2Co(OH)_3 + 8H^+ + H_2O_2 \Longrightarrow 2Co^{2+} + 8H_2O$$

$$Co^{2+} + H_2Y^{2-}(过量) \longrightarrow CoY^{2-} + H_2Y^{2-}(剩余) + 2H^+$$

$$H_2Y^{2-}(剩余) + Zn^{2+} \longrightarrow ZnY^{2-} + 2H^+$$

(3) 氯的测定。称取 0.2 g 左右样品(精确至 0.0001 g)于锥形瓶中,用沉淀滴定法测定氯的含量。

测定时以 0.2 mol·L⁻¹ 的 K₂CrO₄ 溶液为指示剂(每次 1 mL),用 0.1 mol·L⁻¹ 标准 AgNO₃ 溶液滴定至出现淡红棕色不再消失为终点。计算氯的百分含量。

氯的测定原理:中性或弱碱性条件下,以 K₂CrO₄ 为指示剂,以 AgNO₃ 标准滴定液测定 Cl^- 的含量。

$$Ag^+ + Cl^- \Longrightarrow AgCl\downarrow(白色,先沉淀)$$

$$2Ag^+(稍过量) + CrO_4^{2-} \Longrightarrow Ag_2CrO_4\downarrow(砖红色)$$

实验步骤:准确称取 0.2 g(精确至 0.0001 g)左右样品于锥形瓶中,加入 15 mL 蒸馏水,再加入 10 mL 10% 的 NaOH 溶液,在电炉上加热至产生黑色沉淀,赶尽氨气。用常压过滤法滤去黑色沉淀,滤液用锥形瓶接收,用 10 mL 左右温热蒸馏水分数次洗涤加热分解产物用的锥形瓶及过滤器中的黑色沉淀,滤液体积控制在 30 mL 以下。向滤液中加入 2 滴酚酞指示剂,用 6 mol·L⁻¹ HNO₃ 调节溶液酸碱性至酚酞刚好褪色(pH 在 6.5~10.5)。向滤液中加 1 mL 5% 的 K₂CrO₄ 溶液为指示剂,用 0.1 mol·L⁻¹ 标准 AgNO₃ 溶液滴定至出现淡红棕色不再消失为终点。计算氯的百分含量。

本实验的关键是控制溶液在弱碱性范围(pH 在 6.5~10.5),酸性强 Ag₂CrO₄ 不会沉淀,也就没终点,碱性强 Ag^+ 会生成 Ag₂O 沉淀,造成较大误差,也影响终点的观察。

三、实验记录和报告

实验记录:实验标题,试剂、样品的名称与用量及实验现象等。

实验报告:参考实验教材第 3~4 页制备实验的要求,制备过程以简单的线框图表示,组成分析用反应式、现象和表格表示。

(盛永丽编写)

实验 35　五水合硫酸铜的制备及其含量测定

一、预 习 提 要

本实验主要以廉价的废铜和工业硫酸等为原料制备五水合硫酸铜,掌握制备的方法和原理;巩固灼烧、水浴加热、减压过滤和结晶等基本操作;掌握五水合硫酸铜中铜含量的测定原理和方法。

进行本实验之前,请认真预习实验教材,完成以下问题:

(1) 用无水硫酸铜检验液态有机物中是否含有水的原理是什么?

(2) 为什么要调节精制后的 $CuSO_4$ 溶液 pH=1,使溶液呈强酸性?

(3) 蒸发、结晶制备 $CuSO_4 \cdot 5H_2O$ 时,为什么刚出现晶膜即停止加热、而不能将溶液蒸干?

二、实 验 指 导

本实验主要涉及氧化铜的制备、硫酸铜溶液的粗制备及精制、五水合硫酸铜晶体的制备等几个方面的内容。

1. 氧化铜的制备

洗净的坩埚充分灼烧、干燥、冷却。称取 3.0 g 废铜粉放入坩埚中,并将坩埚放在电炉上加热,先用小火使铜粉干燥,再用大火高温灼烧,并不断搅拌。灼烧 20 min 至 Cu 粉完全转化为黑色 CuO,停止加热并冷却至室温。

提醒:灼烧坩埚时,需用坩埚钳夹住坩埚,以免打翻坩埚损坏样品和造成人身伤害。

2. 粗硫酸铜溶液的制备

待 CuO 冷却后将其倒入 100 mL 的小烧杯中,加入 18 mL 3 mol · L^{-1} 的 H_2SO_4 溶液,微加热使其溶解。

3. $CuSO_4$ 溶液的精制

工业废铜中含有 Fe，粗制硫酸铜的过程中，Fe 以 Fe^{2+} 的形式溶解于溶液中，为得到纯硫酸铜，必须将 Fe^{2+} 除去，其步骤为：粗硫酸铜溶液中，滴加 2 mL 3% 的 H_2O_2，微热，将 Fe^{2+} 氧化为 Fe^{3+}，检验 Fe^{2+} 是否还存在。当 Fe^{2+} 完全氧化后，缓慢加入 $CuCO_3$ 粉末，不断搅拌至溶液 pH=3。在此过程中，要不断地用 pH 试纸测试溶液的 pH，控制 pH 维持在 3，再加热至沸，趁热减压过滤，将滤液转移至洁净的烧杯中。

注意：①pH 的控制非常重要，不能使 pH 过大，否则会析出碱式硫酸铜的沉淀，影响产品的质量和产量；②加入的 $CuCO_3$ 同时起到了碱的作用，能中和溶液中的酸。

4. 五水合硫酸铜晶体的制备

在精制后的硫酸铜溶液中滴加 3 $mol \cdot L^{-1}$ 的 H_2SO_4 酸化，调节至 pH=1，转移至洁净的蒸发皿中，水浴加热蒸发至液面出现晶膜时停止，冰水浴冷却晶体析出。减压过滤后，用滤纸吸干后，称量，计算产率。

注意：减压过滤时切忌用水清洗晶体，另外为了防止铜离子水解生成氢氧化铜，蒸发浓缩前必须要调节溶液至强酸性。为了制得纯度高且带五个结晶水的硫酸铜晶体，出现晶膜即停止加热、而不能将溶液蒸干。

5. 五水合硫酸铜晶体中铜含量的测定

采用间接的方法进行测定，具体见实验 24（间接碘量法测定胆矾中铜的含量）。

三、实验记录和报告

本实验为典型的制备实验，报告格式按照制备实验格式进行记录。

四、问题与讨论

在粗硫酸铜溶液中 Fe^{2+} 杂质为什么要先氧化为 Fe^{3+} 后再去除？为什么要调节溶液的 pH=3？pH 太大或太小有何影响？

由于废铜及工业硫酸不纯，制得的溶液中除生成硫酸铜外，还含有其他一些可溶性或不溶性的杂质。不溶性的杂质在过滤时可除去，可溶性杂质包括 Fe^{2+} 和 Fe^{3+} 等，一般需要用氧化剂（如 H_2O_2）先将 Fe^{2+} 氧化为 Fe^{3+}，然后调节 pH 控制在 3，使 Fe^{3+} 完全水解后去除。注意不能使 $pH \geqslant 4$，否则会析出碱式硫酸铜的沉淀，影响产品的质量和产量。

（刘广宁编写）

实验 36　四氧化三铅组成的测定

一、预 习 提 要

四氧化三铅为红色粉末状固体。其化学式可写成 $2PbO \cdot PbO_2$，即式中氧化数为 +2 的 Pb 占 2/3，氧化数为 +4 的 Pb 占 1/3。但根据其实际结构，Pb_3O_4 应为铅酸盐 $Pb_2[PbO_4]$。

准确称取一定量的 Pb_3O_4 与足量的硝酸反应，然后分别测定产物中 PbO_2 和 Pb^{2+} 的量，即可确定 Pb_3O_4 的组成。

Pb_3O_4 与 HNO_3 反应，固体的颜色从红色变为棕黑色。

$$Pb_3O_4 + 4HNO_3 = PbO_2 \downarrow + 2Pb(NO_3)_2 + 2H_2O$$

Pb^{2+} 的量可通过 EDTA 滴定法测得，其反应为

$$Pb^{2+} + H_2Y^{2-} = PbY^{2-} + 2H^+$$

PbO_2 在酸性溶液中是一种很强的氧化剂，它能定量氧化溶液中的 I^- 为单质 I_2，用 $Na_2S_2O_3$ 滴定生成的 I_2（碘量法），便可测出 PbO_2 的量。

通过预习回答下列问题：

(1) HNO_3 溶解 Pb_3O_4 的反应中，HNO_3 起何作用？换成盐酸是否可以？为什么？

(2) EDTA 滴定法测 Pb^{2+} 的含量时，为何要求溶液的 pH 为 5~6，过高会怎样？

(3) 写出 PbO_2 测定反应中的各步反应方程式。

(4) PbO_2 含量的测定中，指示剂淀粉为何不在滴定开始前加入，而是在快到终点时加入？

(5) HAc-NaAc 混合液在 PbO_2 含量的测定中起何作用？为什么？

二、实 验 指 导

1. Pb_3O_4 的分解

用递减称量法准确称取干燥的 Pb_3O_4 0.5 g，置于 10 mL 的离心试管中，同时加入 2 mL 6 mol·L^{-1} 的 HNO_3 溶液，水浴加热，用玻璃棒搅拌，使之充分反应，可以看到红色的 Pb_3O_4 很快变为棕黑色的 PbO_2。用离心机将混合物进行固液分离。再用少量水多次洗涤固体并离心，保留清液和固体供下面的实验用。

注意：离心试管不能直接加热，只能用水浴加热。红色到棕黑色转化要完全，否则会造成较大的实验误差。

本实验用 HNO_3 分解、溶解 Pb_3O_4，HNO_3 在这里只是做酸性介质。HNO_3 不

可以用盐酸、H_2SO_4 代替。因 Pb_3O_4 在酸中是强氧化剂,会把 Cl^- 氧化成 Cl_2,Pb^{2+} 会变成 $PbCl_2$ 的沉淀,同样,用 H_2SO_4 会生成 $PbSO_4$ 的沉淀,均达不到本实验的目的。

2. Pb(Ⅱ)含量的测定

将上述清液全部转入锥形瓶中,向其中加入 4～6 滴二甲酚橙指示剂,并逐滴加入 6 mol·L^{-1} 的氨水,至溶液由黄色变为橙色(勿过量,过量易形成沉淀),再加入 200 g·L^{-1} 的六次甲基四胺至溶液呈现稳定的紫红色(或橙红色),再过量约 5.0 mL(共约 20～25 mL),此时溶液的 pH 应为 5～6。然后以 EDTA 标准溶液滴定至紫红变为稳定的亮黄色时,即为终点。记下消耗的 EDTA 溶液的体积。

指示剂二甲酚橙(XO),pH>6.3 时为红色;pH<6.3 时为黄色,与金属离子配位呈紫红色。这步实验的关键是控制好溶液的 pH 为 5～6。若溶液的 pH 过高,一是滴定终点的颜色由紫红色到红色变化不明显,不利于观察,会造成较大误差;二是 pH 过高,Pb^{2+} 会生成 $Pb(OH)_2$ 沉淀,难以准确滴定。

$$起点:Pb^{2+} + In^{2-}(二甲酚橙) \Longrightarrow PbIn$$
$$黄色 \qquad\qquad\qquad 紫红$$
$$终点:PbIn + Y \Longrightarrow PbY + In$$
$$紫红 \qquad\qquad\qquad 黄色$$

3. PbO₂ 含量的测定

在另一锥形瓶中加入 25～30 mL HAc-NaAc 混合液,将离心试管中的固体 PbO_2 分次转入该锥形瓶中,并向其中加入 0.8 g 固体 KI,摇动锥形瓶使 PbO_2 全部反应溶解,此时混合液呈棕色。用 $Na_2S_2O_3$ 标准滴定溶液滴定至呈浅棕色时(勿过量),加入 1 mL 20 g·L^{-1} 的淀粉溶液,继续滴定至溶液的蓝色刚好褪去为止,记下所用去的 $Na_2S_2O_3$ 溶液的体积。

PbO_2 是一种很强的氧化剂,它能定量氧化溶液中的 I^- 为单质 I_2;用 $Na_2S_2O_3$ 滴定生成的 I_2(碘量法),便可测出 PbO_2 的量。

PbI_2 为亮黄色沉淀,棕红色的碘可用 $Na_2S_2O_3$ 定量滴定。

滴定反应的指示剂是淀粉,不能先加,要在生成的碘消耗将尽时加入(浅棕色),此时剩余的少量碘遇淀粉形成蓝色加合物,加入淀粉后用 $Na_2S_2O_3$ 继续滴定至溶液的蓝色刚好褪去为止。若加入淀粉后溶液不变蓝,证明已滴过,即碘已反应完,实验失败。所以,实验中一定要注意颜色的观察。另外注意淀粉不能加入过早,过早加入,大量的碘被淀粉包裹,这部分碘不易与 $Na_2S_2O_3$ 反应,而使滴定产生误差。

淀粉溶液应用新配制的,若放置过久,则与碘形成的加合物不呈蓝色,而呈紫色或红色,这种红紫色加合物在用 $Na_2S_2O_3$ 滴定时褪色慢,终点不敏锐。

滴定反应中生成的 I^- 易被空气所氧化,滴定时不宜过度摇荡。

I_2 与 $Na_2S_2O_3$ 的反应需要在中性或弱酸性溶液中进行,本实验用 HAc-NaAc 缓冲溶液控制在弱酸性,同时缓冲溶液也起到了溶解 PbO_2 固体的作用。

相关反应式如下:

$$PbO_2 + 4I^- + 4HAc \Longrightarrow PbI_2 + I_2 + 2H_2O + 4Ac^-$$
$$I_2 + 2Na_2S_2O_3 \Longrightarrow 2NaI + Na_2S_4O_6$$

三、实验记录和报告

实验数据的记录:

Pb_3O_4 的质量:_____g。

EDTA 溶液的浓度:_____ $mol \cdot L^{-1}$,EDTA 溶液的用量:_____mL。

$Na_2S_2O_3$ 溶液的浓度:_____ $mol \cdot L^{-1}$,$Na_2S_2O_3$ 溶液的用量:_____mL。

实验报告中数据的处理:

Pb_3O_4 的质量:_____g。

EDTA 溶液的浓度:_____ $mol \cdot L^{-1}$,EDTA 溶液的用量:_____mL。

$Na_2S_2O_3$ 溶液的浓度:_____ $mol \cdot L^{-1}$,$Na_2S_2O_3$ 溶液的用量:_____mL。

Pb(Ⅱ)的含量:_____mol。

PbO_2 的含量:_____mol。

Pb(Ⅱ)与 Pb(Ⅳ)的物质的量之比_____。

样品中 Pb_3O_4 的含量_____。

实验步骤可用框图形式,并写出相关反应的方程式。

(盛永丽编写)

实验37 双指示剂法测定混合碱的组成及其含量

一、预 习 提 要

本实验属于定量分析中的酸碱滴定。通过前面的实验已经熟悉了酸碱滴定的基本方法,掌握了碱灰中总碱度的测定方法,本实验学习利用两种不同的指示剂连续滴定的方式测定混合碱的组成。

通过预习,结合无机及分析化学内容回答下列问题:

（1）双指示剂法测定混合碱组成的原理是什么？

（2）盐酸标准溶液的浓度，通常用方便易操作的基准试剂无水 Na_2CO_3 进行标定，写出标定反应方程式。通过计算说明标定 $0.1\ mol \cdot L^{-1}$ 的盐酸溶液需要称取 Na_2CO_3 的量。

（3）本实验中用酚酞作指示剂，理想的滴定终点颜色变化是刚好由红色变为无色，但实际操作中难以判断此颜色变化。为减小实验误差，应如何确定终点？

（4）本实验为什么第一步滴定要求滴定速度不能太快，匀速振荡？第二步滴定，近终点时要充分振荡，为什么？

（5）双指示剂法测定混合碱组成的主要误差来源是什么？

（6）采用双指示剂法测定混合碱，分别判断下列情况下混合碱的组成：①$V_1 > V_2$；②$V_1 < V_2$；③$V_1 = 0, V_2 > 0$；④$V_2 = 0, V_1 > 0$；⑤$V_1 = V_2$。

二、实 验 指 导

本实验根据实验室条件，可以安排常量滴定和微量滴定。

混合碱是 NaOH 与 Na_2CO_3 或 Na_2CO_3 与 $NaHCO_3$ 的混合物。欲测定同一份试样中各组分的含量，可用盐酸标准溶液滴定，根据滴定过程中 pH 变化的情况，选用两种不同的指示剂分别指示第一、第二化学计量点的到达，此法称为双指示剂法。该法简便、快速，在实际生产中应用广泛。

用盐酸标准溶液滴定混合碱，到达第一个化学计量点时，反应产物为 $NaHCO_3$ 和 NaCl，溶液的 pH 约为 8.3，可选用酚酞作指示剂。继续滴定到第二个化学计量点时，产物为 NaCl 和 H_2CO_3（$CO_2 + H_2O$），溶液的 pH 为 3.9，可选用甲基橙为指示剂。设滴定到第一化学计量点时所消耗的盐酸标准溶液的体积为 V_1，继续滴定到第二化学计量点时，进一步消耗的盐酸标准溶液的体积为 V_2，比较 V_1 和 V_2 的大小，可确定混合碱的组成（表 2-2）。由 V_1、V_2 的值，可以算出各组分的含量以及总碱度（通常以 $Na_2O\%$ 表示）。

表 2-2 V_1 和 V_2 的大小与混合碱组成的关系

测定结果	组成
$V_1 > V_2$	NaOH 和 Na_2CO_3
$V_1 < V_2$	Na_2CO_3 和 $NaHCO_3$
$V_1 = 0, V_2 > 0$	$NaHCO_3$
$V_2 = 0, V_1 > 0$	NaOH
$V_1 = V_2$	Na_2CO_3

值得注意的是 Na_2CO_3 为二元碱，二元碱能够分步滴定的条件是 $K_{b_1}/K_{b_2} \geqslant 10^4$，而 CO_3^{2-} 的 $K_{b_1}/K_{b_2} = 8 \times 10^3$，即第一和第二突跃范围略有叠加，第二步滴定对第一步一定干扰。因此，第一步滴定的准确度不高，误差可达 1%。再加上第一步滴定

利用酚酞作指示剂,终点颜色不易判断,导致误差加大,这是本实验误差的主要来源。为了避免此实验误差,用 Na_2CO_3 标定盐酸标准溶液时,用甲基橙作指示剂,直接滴定至第二化学计量点。甲酚红-百里酚蓝混合指示剂的变色点 pH 为 8.3,与第一个化学计量点的 pH 吻合,所以第一步滴定换用甲酚红-百里酚蓝混合指示剂,终点颜色由蓝色变为粉红色,误差会有所减小。

与所有的酸碱滴定相似,本实验需要完成两方面的工作:一是标准溶液的配制和浓度标定;二是试样的测定。

1. 0.1 mol·L^{-1} HCl 溶液的配制和标定

本实验中盐酸溶液一般由教师准备。如果没有准备,可自行配制,参考"溶液的配制"实验,按一般溶液配制 500 mL 即可。

盐酸浓度的标定参考"碱灰中总碱度的测定"实验指导。标定盐酸浓度时,通常需要将 Na_2CO_3 配成一定浓度的溶液,然后取 25.00 mL 于锥形瓶中用待标定盐酸进行滴定。本实验考虑平行测定次数及润洗等操作,每个同学需要配制 250 mL Na_2CO_3 溶液。

提问:配制 250 mL Na_2CO_3 溶液,需要称取固体 Na_2CO_3 多少克?

对于 50 mL 的常量滴定管来说,为减小实验误差,滴定剂用量应控制在 20～30 mL。用甲基橙作指示剂,用盐酸溶液滴定 Na_2CO_3,根据滴定反应可得

$$c_{HCl}V_{HCl} = 2 \times \frac{m_{Na_2CO_3}}{M_{Na_2CO_3}}$$

则

$$m_{Na_2CO_3} = \frac{1}{2}c_{HCl}V_{HCl}M_{Na_2CO_3}$$

当滴定 25 mL 的 Na_2CO_3 溶液,消耗 0.1 mol·L^{-1} 的 HCl 溶液体积为 20 mL 时,由上式计算可得溶液中 Na_2CO_3 质量为 0.11 g;同理,消耗 HCl 溶液体积为 40 mL 时,溶液中 Na_2CO_3 质量为 0.16 g。因此,本实验配制 250 mL 溶液,称取 Na_2CO_3 的量应控制在 1.1～1.6 g。

2. 混合碱的分析

用差减法准确称取混合碱 2 g,用容量瓶配成 250.0 mL 溶液。取 25.00 mL 于锥形瓶中,加入两滴酚酞作指示剂,用标定好的盐酸滴定至溶液颜色为浅粉色,记录消耗盐酸的体积 V_1,然后在锥形瓶加入 1～2 滴甲基橙,继续滴定至溶液呈橙色,停止滴定,记录进一步消耗的盐酸体积 V_2。

注意:(1) 混合碱液易吸收 CO_2。如果混合碱液中吸收了 CO_2,会使 Na_2CO_3 的含量偏高,而其他组分的含量偏低。因此,配制和操作混合碱液过程都要避免 CO_2

的引入。要达到此目的,需要做到三点:混合碱配制时将蒸馏水加热煮沸 5 min,除去 CO_2,快速冷却后再用;每次取用混合碱溶液后,将容量瓶塞子塞好;滴定完一次后,再取溶液滴定,避免同时取多份混合碱溶液,依次滴定。

(2) 第一滴定终点的滴定速度不能太快也不能太慢,且振荡要匀速。这是因为如果滴定速度过快,摇动不均匀,使滴入的 HCl 溶液局部过浓,致使 $NaHCO_3$ 快速转化为 H_2CO_3,分解为 CO_2,这会导致第一测量组分值偏高,第二测量组分值偏低。

(3) 接近第二滴定终点时,要充分摇动,使 CO_2 溢出,以防形成 CO_2 的过饱和溶液而使终点提前到达,使测量结果偏低。

(4) 为了降低总碱度测定的误差,滴定过程要采取连续滴定,即当第一终点到达后,不用重新调整滴定管中盐酸的量,直接进行下面的滴定。此过程中,由于 V_1 的终读数是 V_2 的初读数,用去盐酸溶液的总体积的读数是三次。而如果第一终点到达后,调整滴定管中盐酸的量,再进行滴定至第二终点,消耗盐酸总体积 V 的读数 (V_1+V_2) 是四次,读数误差较大。连续滴定过程中,如果消耗盐酸总体积超过 50 mL,必须重新配制浓度较小的混合碱溶液,再行测试。

(5) 当混合碱组分为 NaOH 和 Na_2CO_3 时,酚酞指示剂应多加几滴,否则常因滴定不完全而使 NaOH 的结果偏低。

小技巧:酚酞指示剂的碱色为红色,酸色为无色,滴定终点从红色到几乎无色的浅粉色,颜色变化不明显,肉眼观察这种变化的灵敏性稍差。为将误差降到最小,可采用对比的方法,当滴加盐酸至微红色后,再滴加 1 滴,振荡,溶液颜色稳定后,读数,记录,重复此操作,直至无色,取无色前面的一个读数为终点读数。平行测定时,每次滴定条件要一致。

三、实验记录和报告

实验记录和实验报告以表格的形式书写简单明了。本实验参考表格如下。

1. 0.1 mol·L^{-1} HCl 溶液的配制和标定

次数 项目	1	2	3
$m_{Na_2CO_3}/g$			
$c_{Na_2CO_3}/(mol \cdot L^{-1})$			
$V_{Na_2CO_3}/mL$	25.00	25.00	25.00
V_{HCl}/mL			
$c_{HCl}/(mol \cdot L^{-1})$			
$\bar{c}_{HCl}/(mol \cdot L^{-1})$			

实际操作中,滴定次数可能不止 3 次。如果滴定数据偏差较大,需要重复滴定,直至得到符合精密度要求的数据。可根据需要增加表格列数,所有数据都必须保留,不允许划掉。

2. 混合碱的分析

次数 项目	1	2	3
混合碱质量 m_s/g			
混合碱溶液体积 V_s/mL	25.00	25.00	25.00
V_1 /mL			
V_2 /mL			
混合碱样品组成			
$\bar{w}_1$ (　　　)/%			
$\bar{w}_2$ (　　　)/%			

四、问题与讨论

测定混合碱的组成和含量的方法有哪些? 各有什么优缺点?

混合碱的组成和含量的测定方法,除本实验练习的双指示剂法外,常用的还有 $BaCl_2$ 法和自动电位滴定法。双指示剂法最大的优点就是操作简便,但因不可避免的原因,滴定误差较大。

$BaCl_2$ 法也是一种滴定方法,是对双指示剂法的改良。这种方法的具体操作,以混合组分为 $NaHCO_3$ 和 Na_2CO_3 为例:准确称取一定量的试样,溶解于纯水中,然后稀释到一定体积。取两份等体积的溶液进行滴定。一份溶液中,先加一定量已知浓度的 NaOH 溶液,使 $NaHCO_3$ 转化为 Na_2CO_3,然后加过量的 $BaCl_2$,使 Na_2CO_3 转化为 $BaCO_3$ 沉淀,再用酸标准溶液返滴过量的 NaOH,用酚酞作指示剂,滴定至红色恰好消失为止,由盐酸的浓度和消耗的体积,以及加入 NaOH 的浓度和体积,还有试样的质量,可计算 w_{NaHCO_3}。在另一份溶液中,以溴甲酚绿-二甲基黄为指示剂,用盐酸标准溶液滴定其总碱量,总碱度中减去 $NaHCO_3$ 的量,得到 Na_2CO_3 的量。这种方法比双指示剂法准确,但操作繁琐。

自动电位滴定法,利用滴定过程中随着酸的加入和反应的进行,溶液 pH 发生的变化导致溶液的电位变化来确定反应进行的程度和速率。此方法准确度高于以上两种方法,但需要借助仪器,仪器操作不当也会造成较大误差。

（聂永编写）

实验 38　铝-铬天青 S-CTAB 三元配合物光度法的研究

一、预习提要

前面的实验学习了利用分光光度法测定微量铁,本实验练习利用分光光度法测定微量铝,通过练习进一步熟悉分光光度法和分光光度计的使用,学习饮用水中微量铝的测定方法。通过预习,结合已掌握的理论知识回答下列问题:

(1) 什么是吸收曲线? 什么是吸收波长红移?

(2) 绘制标准曲线(工作曲线),为什么通常选择测定最大吸收波长处的吸光度? 一条标准曲线需要最少多少个数据来确定?

(3) 本实验中加入表面活性剂的目的是什么?

(4) 当标准曲线偏折时,特别是当被测物的吸光度位于偏折部分时,测定误差将显著增大,应如何避免此种情况出现?

(5) 吸光光度法测定微量元素,受到多种实验因素的影响。本实验中你认为哪些因素会影响实验结果?

(6) 饮用水中铝的测定,会受到 Fe^{3+}、Cu^{2+}、Mn^{2+} 的干扰,如何消除这些离子的干扰?

二、实验指导

铝是一种人体非必需的微量元素,是引起多种脑疾病的重要因素,摄入过多可致儿童智力发育缓慢、老年性痴呆等不良后果。因此,铝的测定对人们的生活和健康具有重要的意义。世界卫生组织和联合国粮农组织于 1989 年正式将铝确定为食品污染物加以控制,提出人体铝的暂定摄入标准为 $7 \ mg \cdot kg^{-1}$。我国的生活饮用水卫生标准规定,饮用水中的铝含量不得超过 $0.2 \ mg \cdot L^{-1}$。铝盐缓凝剂被广泛应用于供水行业的净水处理工艺中,对于净化处理过的饮用水,控制和检测其中的铝残留量,是确保饮用水合格的必然要求。目前,检测铝的方法有原子光谱法、荧光分析法、极谱法和分光光度法等,本实验我们练习用铝-铬天青 S-表面活性剂三元配合物分光光度法测定自来水中微量的铝。

分光光度法作为一种简便、经济的检测方法,应用于众多金属离子的检测,但任何一种分光光度法的建立都需要一系列条件实验,如研究吸收曲线、显色酸度、显色剂用量、显色时间、稳定性、溶剂、标准曲线、配合物组成、消除干扰因素等,以获得最高灵敏度、选择性和准确性,最终确定测定波长和对测定物的检测浓度范围(标准曲线)。吸收曲线会因实验条件的不同而发生较大改变,当最大吸收波长增大时,称为红移;减小时,称为蓝移。为提高检测的灵敏度,标准曲线通常选择在最大吸收波长处来测定。当物质浓度太大或太小时,吸光度会偏离朗伯-比尔定律,表现为标准曲线的偏折,所以任何一种分光光度法都有一定的浓度测定范围。当测定物的浓度不在测定范围时,表现为吸光度不在标准曲线的直线范围,需调整被测物的浓度,浓度太大,要稀释,浓度太小,要浓缩或调整稀释比例。总之,使被测物的浓度落在测定浓度范围内。为减小实验误差,一条标准曲线需要至少 5 个线性拟合良好的数据点来确定。

铝在水中的存在形态较为复杂,主要有四种,分别为 Al^{3+}、$Al(OH)_3$、$Al(OH)_4^-$、$Al_{13}(OH)_{34}^{5+}$,这些形态中只有 Al^{3+} 和铬天青 S 生成蓝绿色螯合物,其他形态的铝只有转化为 Al^{3+} 才能被检测。Al^{3+} 和铬天青 S 二元配合物在弱酸性溶液中为粉红色,最大吸收波长为 545 nm。为提高检测灵敏度,在二元配合物中加入表面活性剂,形成三元复合物,三元复合物的最大吸收波长较二元配合物发生较大的红移,更为重要的是其摩尔吸光系数显著增大。本实验在二元配合物中加入十六烷基三甲基溴化铵(CTAB)形成三元复合物,三元复合物为亮蓝色,最大吸收波长 630 nm,较二元配合物的波长发生约 90 nm 的红移,摩尔吸光系数增大 2～3 倍,灵敏度显著提高。目前,对于表面活性剂在显色反应中增敏作用的机理说法很多,尚无定论。

本实验的最终目的是测定水样中铝的含量,需要进行以下四个方面的工作。

1. 溶液的配制

1) 系列标准溶液的配制

在六个 50 mL 容量瓶中,用吸量管分别加入 0.00 mL、1.00 mL、2.00 mL、3.00 mL、4.00 mL、5.00 mL 2.0 μg·mL^{-1}铝标准溶液,贴好标签①～⑥,然后各加入 2 mL 铬天青 S,5 mL HAc-NaAc 缓冲溶液(pH=6.3)和 5 mL CTAB 溶液,用水稀释至刻度,摇匀,放置 20 min,使反应充分。

注意:各溶液的加入顺序严格按以上描述进行,否则会导致副反应的发生,影响实验结果。

配制标准溶液的目的有两个:一是做吸收曲线,二是做标准曲线(工作曲线)。在分光光度法定量分析中,测定吸收曲线的目的是找到最大吸收波长,以便在最大吸收波长处测定吸光度,获得最大的测试灵敏度。

六次甲基四胺和 HAc-NaAc 缓冲溶液都是常见的缓冲溶液体系,缓冲溶液的使用只要能够达到溶液 pH 要求,不干扰研究对象的测定即可。CTAB 和 CPC 一样都是阳离子表面活性剂,在本实验中的增敏作用没有差别。可以根据实验室的实际情况,选择所用缓冲溶液体系和表面活性剂,这里仅就 HAc-NaAc 缓冲溶液体系和表面活性剂为 CTAB 的情况进行指导。

提醒:根据文献报道,铬天青 S 和铝离子反应的物质的量的比为 2∶1,这里铝标准溶液的浓度为 0～7.4 μmol·L^{-1},而铬天青 S 的浓度为 33 μmol·L^{-1},铬天青 S 是过量的。因此,铬天青 S 及缓冲溶液和 CTAB 可以用量筒量取,但为了方便,要求所有溶液用吸量管取用。

2）水样的制备

预处理:取 100 mL 自来水于烧杯中,加入硝酸,调节 pH＝2,用吸量管准确量取该水样 50.00 mL 于另一烧杯中,加热浓缩至 30 mL 左右,定量转移至 50 mL 容量瓶,定容。

提醒: 预处理的目的是使溶液中各种形态的铝,转化为 Al^{3+},增加测定的准确性。加入硝酸量不能太多,过多会破坏 HAc-NaAc 的缓冲能力,导致较大的测量误差。

溶液配制:取一个 50 mL 容量瓶,用吸量管依次加入 25 mL 处理过的水样,2 mL 铬天青 S,5 mL HAc-NaAc 缓冲溶液和 5 mL CTAB 溶液,用蒸馏水稀释至刻度,摇匀,放置 20 min,使反应充分。

2. 吸收曲线的绘制

吸收曲线是物质的特征曲线,不会因为物质浓度的不同而改变。因此,选择配好的任何一个标准溶液测定吸收曲线都可以。但是为便于观察最大吸收峰,本实验选择⑥号溶液测定吸收曲线。以空白溶液为参比,用 1 cm 比色皿,在 580～700 nm 范围内,每隔 10 nm 测定一次吸光度,在最大吸收峰波长左右 5 nm,各加测一个点,以波长为横坐标,吸光度为纵坐标,绘制吸收曲线,确定最大吸收波长。

分光光度计的使用方法见实验 31(邻二氮菲吸光光度法测定铁)的实验指导。

3. 标准曲线的绘制

在最大吸收波长处,以空白溶液为参比,分别测定①～⑥号溶液的吸光度。以溶液浓度为横坐标、吸光度为纵坐标,绘制标准曲线,如果标准曲线线性不好,需调整标准溶液浓度,直到得到线性好的标准曲线。

提醒: 实验室中的比色皿使用频率较高,有色物质可能粘附在比色皿上,不易洗去,对测试会造成较大影响。虽然分光光度计能够一次放置多个比色皿进行测试,但为了减小误差,系列溶液及水样的吸光度的测试要求用同一只比色皿。系列溶液由稀到浓依次测试,换溶液时,比色皿只需用待测液润洗即可,不需要每次用蒸馏水洗涤。这样可以节省时间,减小误差,提高效率。

注意: ⑥号溶液的吸光度不能直接用前面测定(做吸收曲线)的吸光度,需重新测定。因为在测定过程中比色皿、温度、仪器的状态的不同都会对吸光度造成影响。

4. 水样测定

于最大吸收波长处,测定水样的吸光度。如果吸光度超出标准曲线的线性范围,需调整水样的取用量,使其吸光度落在标准曲线的线性范围内。由标准曲线计算水中铝的含量。与国家标准(我国的生活饮用水卫生标准规定:饮用水中的铝含量不得超过 0.2 mg・L^{-1})比较,确定自来水中铝含量是否合格。

三、实验记录和报告

实验记录要求简单明了,本实验的记录,参考下面两个表格。实验数据的处理,参考实验 31(邻二氮菲吸光光度法测定铁)的实验指导。

1. 吸收曲线的绘制

λ/nm	580	590	600	610	620	625	630	635
A								
λ/nm	640	650	660	670	680	690	700	
A								

2. 标准曲线的绘制及水样的测试

V_{Al}/mL	0.00	1.00	2.00	3.00	4.00	5.00	25.00(水样)
$c_{Al^{3+}}$/(mg・L^{-1})							
A							

四、问题与讨论

铬天青 S 可以与许多金属离子生成蓝、紫红或红色的配合物,所以其选择性不好。在水样中,Fe^{3+}、Cu^{2+}、Mn^{2+} 会在一定程度上干扰 Al^{3+} 的测定,如何消除它们的影响?

通常可以利用掩蔽剂来消除干扰离子的影响,Fe^{3+} 可以通过加入抗坏血酸使其还原为 Fe^{2+},而 Cu^{2+} 和 Mn^{2+} 可以通过与硫代乙醇酸的配位反应掩蔽。

(聂永编写)

第三章 设 计 实 验

实验 39 铜碘化物的制备及其实验式的确定

一、实 验 提 要

$$Cu^{2+} \xrightarrow{\text{0.86 V}} CuI \xrightarrow{-0.185 \text{ V}} Cu$$
$$\underset{\text{0.345 V}}{\underline{\phantom{Cu^{2+} \xrightarrow{\text{0.86 V}} CuI \xrightarrow{-0.185 \text{ V}} Cu}}}$$

$$I_2 \xrightarrow{\text{0.535 V}} I^-$$

由元素电势图知,铜与碘生成的化合物只能是碘化亚铜$(CuI)_n$。

$$2n\,Cu^{2+} + 4n\,I^- = 2(CuI)_n + n\,I_2$$

本实验的目的就是确定 n 值的大小。

碘化亚铜为白色结晶粉末,难溶于水和乙醇,溶于浓硫酸和盐酸,易溶于液氨、碘化钾、氰化钾等溶液中,吸水性强,对日光敏感,易解析出碘,吸附少量碘后使碘化亚铜呈淡紫色、米黄色或灰白色。

二、试 剂

CuO 粉末,Cu 片,浓 H_2SO_4,KI 固体,$Na_2S_2O_3$（0.1 mol·L^{-1}）,Na_2SO_3（0.5 mol·L^{-1}）,$NaHSO_3$（0.5 mol·L^{-1}）,HNO_3（2.0 mol·L^{-1}）,无水乙醇。

三、实 验 指 导

(1) 实验方案提示:

$$
\begin{cases}
Cu \xrightarrow{\text{浓 } H_2SO_4} \\
Cu \xrightarrow{\text{稀 } H_2SO_4 + H_2O_2} \\
CuO \xrightarrow{\text{稀 } H_2SO_4}
\end{cases}
CuSO_4
\begin{cases}
\xrightarrow{KI} (CuI)_n + I_2 \xrightarrow{Na_2S_2O_3} (CuI)_n \\
\xrightarrow{KI + NaHSO_3} (CuI)_n \\
\xrightarrow{KI} (CuI)_n + I_2 \xrightarrow{Na_2SO_3} (CuI)_n
\end{cases}
$$

$$KI + Na_2SO_3 \xrightarrow{CuSO_4} (CuI)_n$$

通过查阅资料,设计实验方案,计算所需的试剂用量(按 0.6 g 铜进行计算)。比较各种方法的优缺点,选择出最佳实验路线。

（2）产物中的碘化亚铜为白色结晶粉末,碘为棕色固体,为得到纯净的碘化亚铜,必须将碘除掉。

（3）实验目标是确定 n 值,所以产物要定量。

（4）为防止 Cu^{2+} 水解,制备反应必须在酸性溶液中进行(一般控制 pH＝3～4),酸度过低,反应速率慢,终点拖长;酸度过高,I^- 被空气氧化为 I_2 的反应被 Cu^{2+} 催化而加速,使结果偏高。Cu^{2+} 易与 Cl^- 配位,所以控制酸度宜用硫酸不能用盐酸。

（5）实验注意问题:①$Cu \longrightarrow CuSO_4$,若用浓硫酸,要在通风橱中进行;②$CuSO_4 \longrightarrow$ $(CuI)_n$,为确保 $CuSO_4$ 完全反应,必须加入过量的 KI,但 KI 浓度太大会妨碍终点的观察(I_2+I^- ══ I_3^-),同时由于碘化亚铜沉淀强烈吸附碘,使测定结果偏低;③碘化亚铜可与过量的 I^- 或 $S_2O_3^{2-}$ 生成可溶性$[CuI_2]^-$,$[CuS_2O_3]^-$ 和 $[Cu(S_2O_3)_2]^{3-}$ 配离子而进入溶液,所以制备过程中要注意控制药品的用量。

四、实 验 报 告

实验报告可参考以下格式。

一、实验目的

二、实验原理

三、实验内容(写出详细的设计方案)

四、数据记录与处理

Cu _____ g;

n_{Cu} _____ mol;

$Na_2S_2O_3$ _____ mL;

滤纸_____ g;

滤纸＋$(CuI)_n$_____ g;

$(CuI)_n$ _____ g;

n_{CuI} _____ mol;

n _____。

五、问题与讨论

（1）为了制得较大颗粒的$(CuI)_n$,可以采取什么方法?

为得到较大颗粒的沉淀,反应物 $CuSO_4$ 的浓度不宜过大,并且加入沉淀剂 KI 的稀溶液,这样在沉淀作用开始时,溶液的过饱和度不至于太大,晶核生成不是太多,又有机会长大,因而得到的颗粒较大,较纯净,吸附杂质少。

(2) 如何得到干净、干燥的碘化亚铜?

可用稀硝酸和蒸馏水少量多次洗涤。因碘化亚铜对日光敏感,易分解析出碘。所以尽量避光,抽滤时尽可能抽干,并置烘箱中低温烘干。

(盛永丽编写)

实验 40　一种钴(Ⅲ)氨配合物的制备及组成分析

一、实 验 提 要

有关钴的标准电极电势如下:

$$Co^{3+} + e^- \Longrightarrow Co^{2+} \qquad E^{\ominus} = +1.84 \text{ V}$$

$$[Co(NH_3)_6]^{3+} + e^- \Longrightarrow [Co(NH_3)_6]^{2+} \qquad E^{\ominus} = +0.11 \text{ V}$$

根据以上数据可以知道,在通常情况下,二价钴盐较三价钴盐稳定得多;而在它们的配位状态下,三价钴比二价钴要稳定。Co(Ⅲ)配合物的制备过程一般是通过Co(Ⅱ)(实际上是它的水合配合物)和配体之间的一种快速反应生成 Co(Ⅱ)的配合物,然后将它氧化成相应的 Co(Ⅲ)配合物(配位数均为 6)。

常见 Co(Ⅲ)氨配合物有$[Co(NH_3)_6]^{3+}$(橙黄)、$[Co(NH_3)_5H_2O]^{3+}$(粉红)、$[Co(NH_3)_5Cl]^{2+}$(紫红)等。它们的制备条件各不相同:在有活性炭为催化剂时,主要生成$[Co(NH_3)_6]Cl_3$[见"三氯化六氨合钴(Ⅲ)的制备及组成分析"实验];在没有活性炭存在时,主要生成$[Co(NH_3)_5Cl]Cl_2$。本次实验制备使用无活性炭体系。

二、试剂与材料

试剂:HCl(浓、6 mol·L^{-1},0.5000 mol·L^{-1}标准溶液),HNO_3(浓、6 mol·L^{-1}),氨水(浓),$CoCl_2·6H_2O$(固体),NH_4Cl(固体),H_2O_2(30%),乙醇,NaOH(10%、0.5000 mol·L^{-1}标准溶液),$AgNO_3$(0.1000 mol·L^{-1}标准溶液、不含 HNO_3),EDTA(0.0500 mol·L^{-1}标准溶液),酚酞,六亚甲基四胺(30%),K_2CrO_4(5%),二甲酚橙(0.2%、新配),甲基红(0.1%、新配),$ZnCl_2$(0.0500 mol·L^{-1}标准溶液)。

材料:广泛 pH 试纸,精密 pH 试纸(5~10),滤纸,冰,碎沸石。

三、实验指导

1. 制备 Co(Ⅲ)氨的配合物

以 2.0 g $CoCl_2 \cdot 6H_2O$ 为起始原料,通过氧化、配体置换、洗涤、干燥等步骤,完成产品 $[Co(NH_3)_nCl_{6-n}]Cl_{n-3}$ 的制备。注意,每一步转换反应都要确保进行完全后才可转入下一步。

实验步骤可参考下列框图,具体用量自己查资料、计算确定。

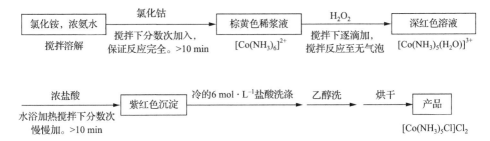

注意:(1) H_2O_2 要用滴管逐滴加入,加入过快,氧化不完全造成产率低。反应完毕赶尽多余的 H_2O_2,否则会消耗后期加入的浓盐酸。

(2) 注意控制好反应温度 $50 \sim 60\ ℃$,过高会导致产物的分解转化。

(3) 加浓盐酸后水浴加热的目的:提高反应速率,确保反应完全。$[Co(NH_3)_6]^{2+}$ 是外轨型配合物,$[Co(NH_3)_5Cl]^{2+}$ 是内轨型配合物,外轨转内轨速率慢,时间长。温度也不能过高,否则易导致产物改变。

(4) 产品应为紫红色沉淀,有可能出现其他颜色的沉淀,如粉红色可能是 $[Co(NH_3)_5H_2O]^{3+}$,要具体分析原因,如浓盐酸加的量不够,配体水没替换完全;或是前期氧化不完全等,想办法补救。

(5) 产品处理要求:室温慢慢冷却,便于晶体长大;依次用冰水、冷盐酸、乙醇洗涤,要少量多次,以减少产品的溶解损失并除净过多杂质(Cl^-、NH_4^+ 等的存在,影响组成分析结果);产品烘干温度不宜过高,否则易转化为 $CoCl_2$ 等。

2. 组成推断

产物通式可写成 $[Co(NH_3)_nCl_{6-n}]Cl_{n-3}$,$n$ 值需要通过实验确定。

本实验是初步推断,只需大概推出内界和外界的组分及离子个数即可。一般用定性、半定量甚至估量的分析方法。用电导率仪来测定一定浓度配合物溶液的导电性,与已知电解质溶液的导电性进行对比,可确定该配合物化学式中含有几个离子,进一步确定其化学式。

可先滴定外界 Cl^-,然后用稀硝酸破坏(能否用盐酸和硫酸?)内界。

游离的 Co^{2+},在酸性溶液中可与硫氰酸钾作用生成蓝色配合物 $[Co(NCS)_4]^{2-}$,

因其在水中解离度大,故常加入硫氰酸钾浓溶液或固体,并加入戊醇和乙醚以提高稳定性。

内界和外界 Cl^- 的数量,可通过滴加 $AgNO_3$ 的量(滴数)大概推测出个数比。

游离的 NH_4^+ 可用奈氏试剂来测定。

附:组成推断步骤参考

(1) 取 0.3~0.5 g 样品,用 30~50 mL 水溶解,测 pH。

(2) 取 8 mL 所配溶液,用 $AgNO_3$ 沉淀完全后(计量滴数),过滤。加浓硝酸 0.5~1 mL 充分振荡后再加 $AgNO_3$ 至沉淀完全,比较前后 $AgNO_3$ 用量,推测内外界 Cl^- 的大概比例。

(3) 取 2~3 mL 溶液,加几滴 $SnCl_2$ 溶液,摇匀后加入绿豆粒大小的 KSCN 固体,振荡后再加入少量戊醇、乙醚,振荡观察上层液颜色。

(4) 取 1 mL 溶液,加少量蒸馏水,得澄清液后加几滴奈氏试剂,观察变化。

(5) 将剩下的溶液加热至变棕黑色后停止加热,冷却后检查酸碱性,过滤后再重复实验(3)、(4),与前面的实验比较。

综合分析推出配合物组成,写出化学式。

四、实 验 报 告

实验报告可参考以下格式。

> 一、实验目的
> 二、实验原理
> 三、实验内容
> 写出制备与组成推断的具体步骤及结论,并写出所有的化学方程式。

五、问题与讨论

有五个不同的配合物,分析其组成后确定有共同的实验式: $K_2CoCl_2I_2(NH_3)_2$;电导测定得知在水溶液中五个化合物的电导率数值均与硫酸钠相近。请写出五个不同配离子的结构式,并说明不同配离子间有何不同。

属于同一配合物的 5 种不同的立体异构体:

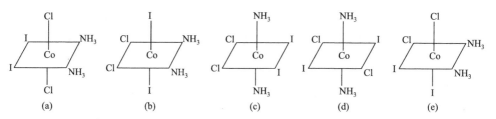

附：三种类型电解质的电导率(表 3-1)

表 3-1　三种类型电解质的电导率

电解质	类型(离子数)	电导率/μS*	
		0.01 mol·L^{-1}	0.001 mol·L^{-1}
KCl	1-1 型(2)	1 230	133
BaCl$_2$	1-2 型(3)	2 150	250
K$_3$[Fe(CN)$_6$]	1-3 型(4)	3 400	420

* 电导率的 SI 制单位为西门子,符号为 S,1 S=1 Ω^{-1}。

对溶解度很小或与水反应的离子化合物,用电导率仪测电导率时,可改用有机溶剂,如硝基苯或乙腈来测定,可获得同样的结果。

(盛永丽编写)

实验 41　未知物摩尔质量和酸解离常数的测定

一、实 验 提 要

本实验是利用酸碱滴定反应进行未知物(确定范围)的鉴定,通过消耗滴定剂 NaOH 的量来计算未知物的摩尔质量,从而确定其是何种物质。实验原理较为简单,适合一年级学生进行设计实验练习。

本实验提供的未知物是磷酸二氢钾(KH$_2$PO$_4$)、邻苯二甲酸氢钾(KHC$_8$H$_4$O$_4$)和磷酸二氢钠(NaH$_2$PO$_4$·2H$_2$O)中的一种,利用 NaOH 标准溶液滴定以确定其摩尔质量。进行实验前需明确如下工作。

1) 称量方法选择和溶液配制

未知物必须用分析天平准确称量,根据所参考三种物质的性质,应该采用什么称量方式? 根据实验室所提供 NaOH 溶液的浓度、欲配制体积(250 mL)和三种物质的摩尔质量,计算应称量固体的质量范围;将准确称量的物质加水溶解后转移至 250 mL 容量瓶中定容,取溶液进行滴定反应。溶液配制操作在前期实验中已多次练习,按要求完成实验。

2) 选择合适的指示剂

滴定前,根据所配制溶液的浓度(先估算)和三种物质的解离常数值,计算滴定突越可能的范围,据此选择合适的指示剂,了解指示剂的变色情况。

平行滴定三次(可根据偏差情况选择是否增加滴定次数),根据标准溶液浓度和称量未知样质量计算其摩尔质量。

滴定后的单份溶液再加上初始体积(25.00 mL)的原溶液,即可组成弱酸弱碱浓度相同的缓冲溶液(如 $H_2PO_4^-$-HPO_4^{2-} 缓冲溶液),测定此溶液的 pH,即为此体系弱酸(三种可能未知物中的一种)的 pK_a 值,可计算其酸解离常数。

二、实 验 报 告

本实验记录和实验报告参考一般的滴定实验,最后根据滴定计算结果和 pH 测定值,得出合理的结论。

三、问题与讨论

由 pH 确定未知物解离常数的原理是什么?

三种未知物均为弱酸盐,完全滴定后变成相应的共轭碱,当再加入等量原始物质(共轭酸)时,两者组成缓冲体系,而且酸碱浓度相等,根据公式

$$pH = pK_a - \lg \frac{c_{共轭酸}}{c_{共轭碱}}$$

此时测定的 pH 即为未知物的 pK_a 值。

(王金刚编写)

实验 42　明矾的制备及其定性检测

一、实 验 提 要

明矾又称白矾、钾矾、钾明矾,学名十二水合硫酸铝钾,是含有结晶水的硫酸钾和硫酸铝的复盐,化学式 $KAl(SO_4)_2 \cdot 12H_2O$,为无色透明坚硬的大结晶性碎块或白色结晶性粉末,无臭、味微甜,有酸涩味。明矾用途非常广泛,通常在工业上用作印染防染剂和净水剂,医药上用作收敛剂,食品工业中用作膨松剂及色谱分析试剂等。

本实验要求学生在掌握一般无机化合物制备实验操作(溶解、过滤、蒸发、结晶、溶液 pH 的检测以及沉淀的转移和洗涤等)的基础上,自行设计实验方案,以废铝为原料,先将废铝溶解并制成硫酸铝,再与一定比例的硫酸钾反应制备复盐明矾。另外,对所制备的明矾产品进行定性检验,通过毛细管法测定产物的熔点以检测产品的纯度。

废铝的主要成分为单质铝,同时含有铁、镁等杂质,在制备产物前应将废铝切成小片或磨成铝屑,随后溶解。溶解原料可采用酸溶(硫酸)或碱溶(氢氧化钠)法,由于废铝中含有铁、镁等溶于酸的杂质,酸溶法可将铁和镁等杂质引入产物,后续步骤中去除较麻烦,使产品纯度受影响。铝单质可以同强碱反应而铁、镁等杂质不溶于碱液,过滤即可除去铁、镁等杂质,因此建议用碱溶法将废铝溶解。将废铝在碱液中溶

解生成可溶性铝盐后,滤液加酸生成氢氧化铝并继续加酸制备成硫酸铝,硫酸铝与一定比例的硫酸钾反应制备明矾,所得产物纯度较高。对所得产物进行定性检测,通过毛细管法测量所得产品的熔点,根据熔点和熔程检验产品的纯度。

铝屑同氢氧化钠溶液反应,可生成可溶性的四羟基合铝(Ⅲ)酸钠 $Na[Al(OH)_4]$,过滤即可除去原料中铁、镁等杂质和其他不溶杂质,再用稀 H_2SO_4 调节滤液的 pH,将其转化为 $Al(OH)_3$ 沉淀。将 $Al(OH)_3$ 沉淀洗涤干净后溶于 H_2SO_4 生成铝盐 $Al_2(SO_4)_3$,$Al_2(SO_4)_3$ 能同碱金属硫酸盐,如 K_2SO_4,在水溶液中结合生成在水中溶解度较小的同晶的复盐——$[KAl(SO_4)_2 \cdot 12H_2O]$(表 3-2)。冷却溶液,明矾以大块晶体结晶析出。

表 3-2　$KAl(SO_4)_2 \cdot 12H_2O$ 在不同温度下的溶解度

T/K	溶解度/$[g/(100\ g\ H_2O)]$	T/K	溶解度/$[g/(100\ g\ H_2O)]$	T/K	溶解度/$[g/(100\ g\ H_2O)]$	T/K	溶解度/$[g/(100\ g\ H_2O)]$
273	3.00	293	5.90	313	11.7	353	71.0
283	3.99	303	8.39	333	24.8	363	109

制备过程中的化学反应如下:

$$2Al + 2NaOH + 6H_2O == 2Na[Al(OH)_4] + 3H_2\uparrow$$

$$2Na[Al(OH)_4] + H_2SO_4 == 2Al(OH)_3\downarrow + Na_2SO_4 + 2H_2O$$

$$2Al(OH)_3 + 3H_2SO_4 == Al_2(SO_4)_3 + 6H_2O$$

$$Al_2(SO_4)_3 + K_2SO_4 + 24H_2O == 2KAl(SO_4)_2 \cdot 12H_2O$$

在一定的外压下,晶体熔化过程中固液两态之间的变化是非常敏锐的,自初熔至全熔(称为熔程)温度变化不超过 $0.5\sim1\ ℃$。若化合物中混有杂质不但熔程将扩大,熔点也往往下降。因此,熔点是晶体化合物纯度的重要指标,可利用产物的熔点和熔程检验产品的纯度。明矾的熔点为 $92.5\ ℃$。

注意:①在用碱溶法时,铝与氢氧化钠反应较剧烈,注意不要让碱液溅入眼睛中,铝屑或铝片应分次加入;②制得的明矾溶液一定要自然冷却得到结晶,而不能骤冷。

二、实 验 报 告

除常规的实验题目、实验目的等内容外,本实验要求有详细的设计方案和实验步骤,有关产品的实验数据中应包含产品的性状、质量、产率、产品的熔点和熔程等内容。

三、问题与讨论

（1）本实验在哪一步除掉铝中的铁杂质？

因为铁与氢氧化钠不反应，在利用氢氧化钠溶液溶解铝屑或铝片的过程中，铁杂质以固体形式存在，通过过滤除去。

（2）制得的明矾溶液为何采用自然冷却得到结晶，而不采用骤冷的办法？

骤冷可能会使单盐组分析出，产物纯度降低。

（3）制备氢氧化铝过程中为何要加热煮沸，并用热水洗涤？

促进 Al^{3+} 水解，温度升高使铝离子水解程度增大，提高生成 $Al(OH)_3$ 的量，搅拌可以增大接触面积，加快反应速率。

附：晶体化合物的熔点测定

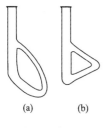

图 3-1　提勒管

提勒管法是普遍使用的一种测定化合物熔点的方法。提勒管的主管像一支试管，其尾部卷曲与主管相连，如图 3-1(a) 所示。图中 (b) 为改进型的提勒管，其形状像英文字母 b，也称 b 形管或 b 管。用提勒管法测定化合物熔点的操作步骤如下所述。

（1）样品的装入。如图 3-2 所示，取充分干燥研细的固体样品少许，置于干燥洁净的表面皿上，将熔点管的开口端插入干燥的样品堆中，即有一部分样品进入熔点管。使熔点管开口端向上，从一根长 50～60 cm 的玻璃管中自由落下，样品粉末即振落于熔点管底部，多次重复以上操作使样品填装紧实，高度约 3 mm。最后将熔点管外壁沾着的固体粉末擦净，以免污染载热液。

（2）安装装置。将提勒管竖直固定于铁架台上，加入选定的载热液（一般为硫酸、硅油、甘油等），载热液的用量应使插入温度计后其液面高于上支管口的上沿约 1 cm 为宜。插入带有塞子的温度计，温度计水银球的上沿应处于提勒管上支管口以下约 2 cm 处。塞子以软木塞为好，无软木塞时也可用橡皮塞，但橡皮塞易被有机载热液溶胀，也易被硫酸载热液碳化进而污染载热液，故应

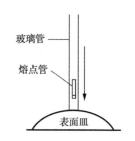

图 3-2　样品的装入过程示意图

尽量避免橡皮塞触及载热液。塞子的侧面应切一切口，以利于透气和观察温度。

（3）熔点测定和记录。按照图 3-3 所示位置加热。开始加热速度可稍快，当温度升至样品熔点以下 5～10 ℃时，调整酒精灯位置降低加热速度使每分钟上升一度，越接近熔点升温速率越慢。仔细观察温度上升和熔点管中样品的情况，如图 3-4 所示，当样品开始塌落或者湿润时，表示样品开始熔化（初熔），记录温度。当固体样品

刚好完全消失,熔化为透明液体时(全熔),再次记录温度,则此温度范围为该物质的熔程。在测定过程中若出现萎缩、塌陷等情况,也需详细记录。

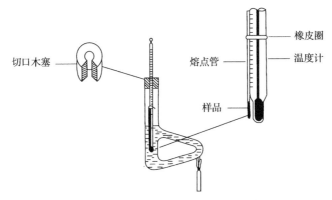

图 3-3 提勒管法测定熔点的装置示意图

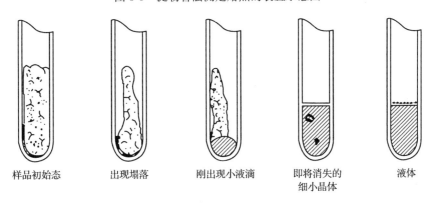

| 样品初始态 | 出现塌落 | 刚出现小液滴 | 即将消失的
细小晶体 | 液体 |

图 3-4 化合物熔化过程示意图

每测完一次后移开火焰,待温度下降至熔点以下约 30 ℃后换新的熔点管做下一次测定。每个样品应平行测定两三次,以各次测得的初熔点和全熔点的平均值作为该次测得的熔点,而以各次所得熔点的平均值作为最终测定结果。

在测定未知熔点的样品时,应先快速加热,粗测其熔点范围,再准确测定多次取平均值。

(杨红晓编写)

实验 43 碱式碳酸铜的制备

一、实验提要

碱式碳酸铜[$Cu_2(OH)_2CO_3$]为天然孔雀石的主要成分,呈草绿色或绿色的结晶性粉末,晶体分解温度为 220 ℃,在沸水中易分解,在固体荧光粉激活剂、颜料和烟火制造等领域有广泛应用。制备碱式碳酸铜的方法有多种,本实验采用硫酸铜法,以硫酸铜和碳酸钠为起始试剂制备碱式碳酸铜。该实验是一个综合性实验,实验内容分为实验条件的探索和产品的制备两部分。要求学生改变硫酸铜和碳酸钠的比例和反应温度等条件,通过观察试管中沉淀的颜色、沉降速度和所得产物的质量确定最适宜的反应条件,并在最适宜条件下定量制备碱式碳酸铜。本实验旨在加深学生对无机化合物制备的理解和认识,培养学生自行设计实验方案、分析实验现象和优化实验条件的能力。

以硫酸铜($CuSO_4$)和碳酸钠(Na_2CO_3)为起始试剂制备碱式碳酸铜的反应方程式如下:

$$2CuSO_4 + 2Na_2CO_3 + H_2O === Cu_2(OH)_2CO_3 + CO_2\uparrow + 2Na_2SO_4$$

1. 实验条件的探索

(1) 确定适宜的物料配比。配制 $0.5\ mol \cdot L^{-1}$ 的 $CuSO_4$ 溶液和 $0.5\ mol \cdot L^{-1}$ 的 Na_2CO_3 溶液各 250 mL。控制一定的反应温度(如 75 ℃,在水浴锅中进行),分别将盛有不同体积的 $CuSO_4$ 和 Na_2CO_3 溶液(如 $CuSO_4 : Na_2CO_3 = 2:1$、$3:2$、$1:1$、$1:2$)的试管或小烧杯在水浴锅中放置 5~10 min,温度稳定后将 $CuSO_4$ 溶液倒入 Na_2CO_3 溶液中并不断搅拌,观察沉淀的颜色和沉降速度,洗涤并干燥产物后称重,计算产率,确定最优的物料比例。

(2) 确定适宜的反应温度。改变不同的反应温度(如 45 ℃、60 ℃、75 ℃、90 ℃),以上述实验所确定的最优物料配比的 $CuSO_4$ 溶液和 Na_2CO_3 溶液进行反应,温度稳定后将 $CuSO_4$ 溶液倒入 Na_2CO_3 溶液中并不断搅拌,观察沉淀的颜色和沉降速度,洗涤并干燥产物后称重,计算产率,确定最优的反应温度。

2. 产品的制备

根据上述实验结果,在最适宜的反应温度下以最优的 $CuSO_4$ 和 Na_2CO_3 物质的量比例制备碱式碳酸铜,搅拌下向 Na_2CO_3 溶液中加入 $CuSO_4$ 溶液。充分反应后,抽滤,用蒸馏水洗涤至无 SO_4^{2-} 为止(用 $BaCl_2$ 检测),将滤饼置于烘箱中(烘干温度低于 100 ℃),冷却至室温后称重并计算产率。

3. 本实验注意事项

(1) 反应温度不能太高,反应过程保证恒温且不断搅拌,防止局部温度过热部分产物颜色变黑。

(2) 产物要洗涤干净并烘干一定时间,否则会出现产率超过 100% 的现象。

(3) 由于硫酸铜不易完全转化为碱式碳酸铜,所得产物中易包裹硫酸铜,在制备过程中要将硫酸铜加入碳酸钠溶液中并不断搅拌。

二、实 验 报 告

除常规的实验题目、实验目的等内容外,本实验要求有详细的设计方案和实验步骤,有关产品的实验数据中应包含不同反应条件下产品的颜色、产品质量和产率等内容。

不同物料配比对反应产物的影响

$n_{CuSO_4} : n_{Na_2CO_3}$	沉淀颜色	沉淀时间	产率
2:1			
3:2			
1:1			
1:2			

不同反应温度对反应产物的影响

反应温度/℃	沉淀颜色	沉淀时间	产率
45			
60			
75			
90			

最适宜的反应条件下制备产物:

温度为_____℃时,取 $n_{CuSO_4} =$ _____ mol,$n_{Na_2CO_3} =$ _____ mol,产物质量为_____g,产物颜色:_____,产率=_____。

三、问题与讨论

(1) 反应中出现的黑色沉淀是什么物质?

碳酸钠水解后溶液呈碱性,$CuSO_4$ 加入 Na_2CO_3 溶液时,Cu^{2+} 和 OH^- 反应生成小颗粒的氢氧化铜,只有加入一定量的 $CuSO_4$ 后,体系中 Cu^{2+} 和 CO_3^{2-} 才足以生成 $CuCO_3$,进而生成碱式碳酸铜。当反应温度过高时,有部分氢氧化铜分解成氧化铜从而使产品颜色变黑。

(2) 干燥温度过高会对产物有什么影响?

碱式碳酸铜在高温下易分解,干燥温度过高会使碱式碳酸铜分解为氧化铜。

(3) 反应温度过高或过低会对产物有什么影响?

反应温度过高时,产物会分解产生氧化铜;反应温度过低会使反应不完全。

(杨红晓编写)

实验 44 由煤矸石或铝矾土制备硫酸铝

一、实 验 提 要

以煤矸石为原料制备硫酸铝为例。

煤矸石的主要成分为氧化硅和氧化铝,同时含有氧化铁、氧化钙、氧化镁、可燃性碳等物质,在提取前应先粉碎过筛,获得粉状原料,然后将置于坩埚中的粉料在电炉上灰化,使可燃性碳完全燃烧,既防止焙烧时大量冒烟,也避免高温条件下部分金属氧化物发生碳还原反应。

原料的处理可采用以下两种方式:

(1)碱熔法。将过量 NaOH 或 KOH 覆盖在粉料表面,然后在马弗炉中焙烧至熔融态。这种方法使用腐蚀性大的强碱,对容器要求高,应该使用耐高温、耐腐蚀的铂金坩埚,较低温度下也可以使用银坩埚。

(2)酸溶法。这种方法将物料直接焙烧,使氧化铝由 α 型转化为 γ 型,再在后续操作中使用硫酸溶解提取氧化铝,使用陶瓷坩埚即可。

由于碱熔法对实验条件要求较高,单纯的制备实验建议采用酸溶法。

本实验根据要求不同,可以分为短课时(10～12 课时)实验和长课时(16～20 课时)实验。

1. 短课时设计实验

在预知原料中各组分含量的前提下直接进行氧化铝的提取和硫酸铝的制备,根据所得产品质量以及原料中铝的含量计算产率。

原料干粉经焙烧后可以采取硫酸溶液或氢氧化钠溶液进行溶解提取。氢氧化钠提取时会将含量较高的二氧化硅一并溶出,后续还要进行除杂,不建议采用。酸溶法可以直接采用 6 mol·L^{-1} 的硫酸溶液提取,使用如图 3-5 所示的装置加热回流两小时,含量高的二氧化硅形成硅酸沉淀,过滤后可得硫酸铝溶液。此溶液中还含有钙、镁、铁等杂质,需设计合理的步骤除去杂质,获得硫酸铝;再根据原料中的铝含量计算产率。

同学们应根据提示及实验要求设计实验步骤,完成制备实验。条件允许时还应进行产品纯度分析,可采用配位滴定法测定铝含量。根据已学习的知识,可设计合理步骤,采用返滴定法测定。

2. 长课时设计实验

当原料中各组分含量未知时,除进行正常的氧化铝提取外,还应进行原料组成分析,作为计算产率的依据。

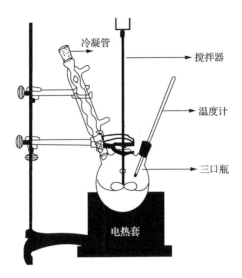

图 3-5　氧化铝提取实验装置图

进行原料的组成分析时,应采用碱熔法,即采用过量氢氧化钠或氢氧化钾固体覆盖原料后高温焙烧,再溶解后测定。金属离子的测定可以采用配位滴定方式进行,由于原料中存在少量铁杂质,建议采用控制 pH 的方式连续滴定 Fe 和 Al,相关实验方案可查阅配位滴定理论知识,自行设计完成。

原料分析的实验设计应包含以下内容:

(1) EDTA 溶液的配制和标定(所用指示剂、基准物质、缓冲溶液)。

(2) 原料的预处理(粉磨、过筛)。

(3) 碱熔融处理(原料与 NaOH 的用量、所用坩埚、焙烧温度和时间)。

(4) 熔融物的处理(溶解、硅酸的分离)。

(5) 采用配位滴定法测定 Al 的含量(pH 控制和缓冲溶液的选择、杂质离子的分离或掩蔽、指示剂的选择)。

(6) 原料中其他杂质(如 Ca、Mg 等)的测定,以确定制备实验中应去除哪些杂质离子。

准确测定原料中 Al 含量后,以此为依据计算最终的硫酸铝产率。

二、实 验 报 告

除常规的实验题目、实验目的等内容外,本实验要求有详细的设计方案和实验步骤,产品结果中应包含原料组成分析结果、产品质量和产率、产品性状和纯度等内容。

三、问题与讨论

(1) 进行原料分析时,铝离子的配位滴定宜采用哪种方式?

　　由于铝离子与配位剂 EDTA 反应较慢,宜采用返滴定的方式,即先加入过量 EDTA 与铝离子配位,再滴定过量的 EDTA。

　　(2) 滴定铝离子时,宜控制什么酸度? 哪些离子可能存在干扰?

　　根据酸效应曲线,滴定铝离子所要求的 pH 应大于 4,但 pH 过高时,不但铝离子易水解,钙、镁等离子也会参与反应,因此滴定 Al^{3+} 时先在 pH 约为 3 时加入过量 EDTA 与 Al^{3+} 反应,再调整 pH 为 4~6 使二者完全反应。本实验原料中可能存在 Fe(Ⅲ)的干扰,应利用控制酸度法,在 pH 约为 2 时先滴定 Fe^{3+},再调整酸度使 EDTA 与 Al^{3+} 完全配位,过量的 EDTA 可用标准 Zn^{2+} 溶液返滴定。

　　　　　　　　　　　　　　　　　　　　　　　　　　　　　(王金刚编写)

第四章 微型化学实验

微型化学实验是在微型化的仪器装置中进行的化学实验,是一种以尽可能少的化学试剂来获取化学信息的实验方法和技术。虽然化学试剂用量一般为常规实验的几十分之一乃至几千分之一,但仍可达到实验效果准确、明显、安全、方便的目的。开展微型化学实验在节约化学试剂的同时,可以大大减少对环境的污染,从而有效地保护我们赖以生存的自然环境。微型化学实验不是常规实验的简单微缩和减量,而是在微型化条件下对实验进行的重新设计和探索。

实验 45 分光光度法测定 $Cu(IO_3)_2$ 的溶度积常数

一、预习提要

本实验进一步练习分光光度计的使用和无机物的制备,学习分光光度法测定溶度积的原理,加深对溶度积概念的理解。通过复习溶度积有关的理论知识和阅读实验教材,回答下列问题:

(1) 制备 $Cu(IO_3)_2$ 时,哪种物质是过量的? 为什么需要过量? 是否过量越多越好?

(2) 制备 $Cu(IO_3)_2$ 时,为什么要充分洗涤沉淀? 如何确定是否洗涤充分?

(3) 制备 $Cu(IO_3)_2$ 饱和溶液时,每个容量瓶里都应有不溶物吗? 为什么?

(4) 测定 $Cu(IO_3)_2$ 溶度积时,加入 $CuSO_4$ 的目的是什么?

(5) 计算 $Cu(IO_3)_2$ 的溶度积,需要知道溶液中 Cu^{2+} 和 IO_3^- 的平衡浓度,这两种离子的平衡浓度如何确定?

二、实验指导

$Cu(IO_3)_2$ 为蓝绿色固体,微溶于水。$Cu(IO_3)_2$ 的溶度积测定方法有多种,除本实验要学习的分光光度法外,还有配位滴定、氧化还原滴定(碘量法)、电位法等方法。本实验首先制备 $Cu(IO_3)_2$,然后利用分光光度计测定 $Cu(IO_3)_2$ 饱和溶液中的铜离子浓度,计算 IO_3^- 浓度,最后将两者代入溶度积表达式,计算得到 $Cu(IO_3)_2$ 的溶度积。

测定 $Cu(IO_3)_2$ 饱和溶液中的铜离子浓度时,因 Cu^{2+} 浓度很小,吸光度小,不能直接测定。本实验通过 Cu^{2+} 与 NH_3 的配位反应,将 Cu^{2+} 定量的转化为深蓝色的

$[Cu(NH_3)_4]^{2+}$。此配合物能够较长时间存放，至少 24 h 内不会变质，其最大吸收波长为 610 nm（图 4-1）。通过测定 610 nm 处吸光度即可得到溶液中 Cu^{2+} 离子浓度。

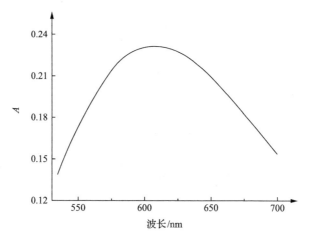

图 4-1　$[Cu(NH_3)_4]SO_4$ 水溶液的吸收曲线

1. 制备 $Cu(IO_3)_2$

本实验由 KIO_3 和 $CuSO_4$ 的反应制备 $Cu(IO_3)_2$，在制备过程中加入过量的 $CuSO_4$，利用同离子效应，使沉淀反应充分。但是 $CuSO_4$ 的加入量并非越多越好，因为存在同离子效应的同时，也存在盐效应。盐效应显著时，反而使沉淀不完全。在制备过程中，通常加入过量 20% 左右的沉淀剂，本实验加入的 $CuSO_4$ 过量约 25%。此反应产率较高，按课本用量制得的沉淀可供两名同学使用。因此，本着环保、节约的原则，要求两名同学制备一份 $Cu(IO_3)_2$。

提醒： 因溶液量较少，$Cu(IO_3)_2$ 为粉末，用倾泻法分离和洗涤沉淀不易进行，直接抽滤即可。为减少损失，用微型布氏漏斗减压过滤。在抽滤过程中，用去离子水充分洗涤沉淀，用 $BaCl_2$ 溶液检验，直到最新接到的滤液中无 SO_4^{2-} 为止，以除去溶液中多余的 Cu^{2+} 和其他杂质。因 $Cu(IO_3)_2$ 易吸附 Cu^{2+}，如洗涤不充分，会造成较大的测定误差。

2. 绘制 Cu^{2+} 的工作曲线

当物质的浓度较高时，工作曲线会发生偏折，即物质对单色光的吸收偏离朗伯-比尔定律。造成这种现象的原因很多，如溶液不均匀、折光指数的改变、溶液中平衡的改变等。一般情况下，当吸光度小于 1 时，物质对单色光的吸收符合朗伯-比尔定律。当然，不同的物质会有差别，对于 $[Cu(NH_3)_4]^{2+}$ 来说，吸光度小于 2，都符合朗伯-比尔定律。实验教材中给出的标准溶液浓度偏高，可调整为表 4-1 中用量。

表 4-1　Cu^{2+} 的工作曲线

编号	1	2	3	4	5	6
$0.1500\ mol \cdot L^{-1}\ CuSO_4$ 体积/mL	0.8	0.50	0.25	0.12	0.06	0.00
$0.1500\ mol \cdot L^{-1}\ K_2SO_4$ 体积/mL	1.20	1.50	1.75	1.88	1.94	2.00
$1.0\ mol \cdot L^{-1}\ NH_3 \cdot H_2O$ 体积/mL	2.00	2.00	2.00	2.00	2.00	2.00
吸光度(A)						
$[Cu^{2+}]/(10^3\ mol \cdot L^{-1})$						

提醒：①因用移液管取液到井穴板，放液不易操作，也易洒出，可以用 7 mL 塑料离心试管或小试管代替点滴板；②吸量管的选择，应该根据取用体积确定，避免多次取液。对于平行的多个实验，尽量选用同一只吸量管，以减小误差。本实验中 $CuSO_4$ 溶液用 1 mL 吸量管取用较合适。

3. 测定 $Cu(IO_3)_2$ 的溶度积

为了减小偶然误差，需要测定三个不同浓度 $Cu(IO_3)_2$ 溶液中 Cu^{2+} 的浓度，分别计算 $Cu(IO_3)_2$ 的溶度积后，取平均值。常温下，$Cu(IO_3)_2$ 在水中达到沉淀溶解平衡需要 2～3 天时间，如果要在短时间内得到饱和溶液，可以在 80 ℃ 水浴中加热 20 min，待彻底冷却后，即得饱和溶液。

注意：容量瓶中必须有未溶解的 $Cu(IO_3)_2$ 固体，否则溶液为不饱和溶液，尚未达到沉淀溶解平衡，导致测得的结果偏低。取饱和溶液时，不能带入沉淀，因为 $Cu(IO_3)_2$ 固体也会与氨水反应，生成$[Cu(NH_3)_4]^{2+}$，导致测试结果偏高。

三、问题与讨论

绘制 Cu^{2+} 的工作曲线时，所配溶液中为什么要加入 K_2SO_4？

溶液中加入 K_2SO_4 的目的是为了保证溶液中的离子强度稳定。这是因为溶度积表达式中，$[Cu^{2+}]$ 和 $[IO_3^-]$ 都应该是其活度，而离子的活度受离子强度的影响较大，为了减小误差，加入 K_2SO_4。

（苗金玲编写）

实验 46　动力学方法测定微量铜离子

一、预习提要

本实验属于定量分析，重点熟悉和练习微型实验常用的多用塑料滴管和井穴板的使用，了解动力学方法测定微量铜离子的原理。通过预习，回答下列问题：

　(1) 多用滴管液滴大小受哪些因素影响？如何正确使用多用滴管取液？

　(2) 如何清洗多用滴管？

　(3) 井穴板使用时有哪些注意事项？

　(4) 本实验成功的关键是什么？

二、实　验　指　导

本实验所用多用滴管和井穴板是微型实验常用的仪器。这里简单介绍这两种仪器的使用方法和注意事项。

多用滴管的使用

如图 4-2 所示,多用滴管由一个具有弹性的圆筒形吸泡和一根细长的径管连接而成,材质多为聚乙烯,耐无机酸、碱、盐的腐蚀。多用滴管不仅可以作为滴管使用,经过处理后,还可以作为试剂滴瓶、微型滴定管、离心试管、移液管和分液漏斗等使用。

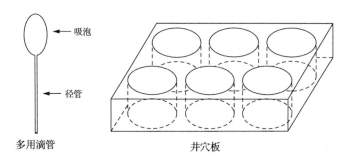

← 吸泡

← 径管

多用滴管　　　　　　　　　　井穴板

图 4-2　多用滴管和井穴板

多用滴管液滴的大小主要取决于径管出口处口径的大小,同时与按捏吸泡时用力的强弱、吸泡液面的高度、操作温度、径管与容器水平面互成角度以及滴管中液体的密度等因素有关。另外,径管内空气是否排净、外壁是否沾有液体等偶然因素也会显著影响液滴的体积。用多用滴管吸取和滴加液体的正确操作:排出吸泡内空气,将滴管浸入待取溶液,吸取溶液,将滴管外壁上的溶液用吸水纸吸干,使径管垂直于容器水平面,拇指和食指缓缓用力按捏吸泡,排出径管内的气体后,略加大挤压力,使液滴逐滴滴出。在一次滴加操作中应连续滴出液滴,在没有完成滴加前拇指和食指不能松开吸泡,否则空气会进入滴管,要重新排气后再滴加。在微型实验中要掌握由多用滴管滴放出一定数目、大小均匀的液滴的操作技巧。对于本实验,多用滴管的操作是决定实验成功的关键因素之一。

因为多用滴管吸液后会有液体进入吸泡,所以取不同的溶液前需要彻底洗涤滴管。洗涤的方法:把吸泡内的液体尽力挤出,然后吸入自来水,荡洗吸泡,放出,反复操作 3 次以上。然后吸入蒸馏水,荡洗 3 次。若要使吸入滴管的溶液的浓度不变,除启用新的清洁干燥的多用滴管外，都应润洗滴管 3 次后再使用。

井穴板的使用

井穴板(图 4-2)是无机和普通化学微型实验的主要反应容器。目前市售的井穴板按孔穴的多少可分为 96 孔(0.3 mL)、40 孔(0.3 mL)、9 孔(0.7 mL)和 6 孔(5 mL)几种规格，能起到烧杯、试管、试剂储瓶、点滴板的一些功能。使用时要保护井穴板的底面光洁，避免磨毛。

根据实验原理，本实验需要进行以下三方面的工作。

1. 系列 Cu^{2+} 标准溶液的配制

在定量分析中，配制系列标准溶液的目的，都是为了标准曲线的测定。标准溶液的浓度要求准确，所以配制需要用精密度较高的仪器。取液需用吸量管，溶液的配制需用容量瓶。系列溶液的配制中，为减小误差，同种溶液要求用同一吸量管取液。

提醒：配制的 6 个不同浓度的标准溶液必须贴好标签，1~6 号，以避免混乱。

2. Cu^{2+} 标准曲线的绘制

在 9 孔井穴板的 6 个孔中，分别滴入两滴 1~6 号溶液，滴加时，用同一支滴管，由稀到浓依次滴加，滴管每次取液前需用待取液冲洗三次。然后各加入三滴 $Na_2S_2O_3$ 溶液。在第一个孔中加入 1 滴 $[Fe(SCN)_n]^{3-n}$ 溶液的同时开始计时、搅拌，红色完全褪去时，停止计时，记录时间。同样的操作，记录其他溶液褪色的时间。

提醒：当反应快结束时，溶液颜色较浅，不容易观察，可以在井穴板下面垫张白纸，辅助观察。

注意：标准曲线的绘制是本实验的一个难点。因实验成功与否的决定因素较多，如果操作不当，难以得到线性较好的标准曲线。实验过程中要严格操作，不仅做到同种试剂用同支滴管，还要求滴出的液滴大小均匀。为保证实验顺利进行，两个同学合作，同种试剂由同一名同学滴加。一名同学在滴加 $[Fe(SCN)_n]^{3-n}$ 的同时，另一名同学按动秒表，并开始搅拌，对每一个样品的搅动频率应保持一致。一次测试如果无法得到线性好的曲线，需重复测试。如果仍然得不到好的曲线，需根据测试结果调整标准溶液的浓度，但要求在调整前与指导教师讨论，以提高效率。

3. 未知液 Cu^{2+} 浓度的测试

对未知液测试的步骤同标准曲线的绘制部分，要求平行测定 3 次，取平均值。

三、实验记录和报告

实验记录参照实验教材表 7-3 和表 7-4。实验数据处理，可用电脑软件 Excel 和 Origin，也可以用坐标纸绘制。实验报告参照实验教材第 3 页"定量分析实验报告格式"书写。

四、问题与讨论

本实验中利用 Cu^{2+} 催化 $[Fe(S_2O_3)_2]^-$ 与 $[Fe(SCN)_n]^{3-n}$ 的反应来测试铜离子,除上面提到的决定标准曲线绘制的因素外,还有什么因素会导致实验较大误差?

Fe^{3+} 与 SCN^- 混合立即变为血红色,是因为生成了 $[Fe(SCN)_n]^{3-n}$ 配离子,但是这个反应达到平衡的时间,并不像看起来那么快。如果溶液刚配好就测试,会比配好一段时间后再测试的时间短很多,由于 $[Fe(SCN)_n]^{3-n}$ 还没有生成最终的平衡产物即被还原,所以颜色很快褪去。因此,为减小实验误差,$[Fe(SCN)_n]^{3-n}$ 配离子应该提前一天配制好,使其生成稳定 $[Fe(SCN)_n]^{3-n}$ 后再使用。

（苗金玲编写）

实验 47　茶叶中一些元素的分离和鉴定

一、预习提要

本实验的目的是学习从茶叶中分离和鉴定 P、Ca、Mg、Fe 和 Al 五种元素的方法。在实际应用中,复习相关元素的性质和鉴定方法。通过预习实验内容和复习相关理论,回答以下问题:

（1）在鉴定茶叶中的无机元素之前,茶叶需要灰化,灰化的目的是什么? 灰化在什么器皿中进行? 灰化不完全对实验结果有什么影响?

（2）P 元素用什么试剂从灰分中分离得到? 如何鉴定?

（3）Ca、Mg、Fe 和 Al 如何从茶叶灰分中分离得到? 分离后,将滤液 pH 调整为 7 的目的是什么?

（4）实验中 Ca、Mg、Fe 和 Al 被分为两组进行鉴定,其中 Ca 和 Mg 一组,Fe 和 Al 为另一组。Ca 和 Mg 进一步如何分离? Fe 和 Al 呢?

（5）Ca、Mg、Fe 和 Al 分别是如何鉴定的?

二、实 验 指 导

我国是世界上最早发现茶树和利用茶树的国家,茶在我国有着悠久的历史。喝茶有利于人体健康,是因为茶叶中不仅有氨基酸、维生素、茶多酚、生物碱、类黄酮、芳香物质等多种有益的有机物,而且还提供了人体组织正常运转所不可缺少的矿物质元素。研究表明,茶叶含无机物 3.0%~7.0%。茶叶中的无机元素高达 40 多种,含量较多的有 K、I、P、Ca、Mg、Fe、Mn、Al 等。

　　在对茶叶进行定性分析之前,为减少有机物的干扰,使其中的无机物转变为可溶物,需要对茶叶进行预处理。实验室中一般在敞口的蒸发皿或坩埚中将茶叶烧成灰烬,这一过程称为"干灰化",这一过程不仅使其中的有机元素 C、H、O、N 氧化挥发,也使其中的部分无机元素转变为酸可溶物。茶叶在灰化后,经酸溶解,即可逐级进行分析。这一方法不仅适合于茶叶的处理,还适用于生物和食品的预处理。

　　本实验利用硝酸溶解茶叶灰烬中的非金属 P 元素,使其以磷酸盐的形式溶于水,利用其与钼酸铵试剂的特征反应,单独鉴定磷。Ca、Mg、Fe、Al 四种金属元素,利用盐酸浸取于水溶液中,使其以金属离子形式存在,然后利用其氢氧化物在水中的溶解度不同分为两组。调节溶液 pH 近中性,Fe、Al 以氢氧化物形式沉淀出来,而 Ca、Mg 留在溶液中,然后利用 Al(OH)$_3$ 的两性,使 Al 以 AlO$_2^-$ 的形式从沉淀中分出,实现 Fe 和 Al 的分离。滤液中的 Ca 加沉淀剂,沉淀为乙二酸钙,从而与 Mg 分离。然后利用四种离子的鉴定反应,分别鉴定四种元素。具体分离和检验过程如图 4-3 所示。

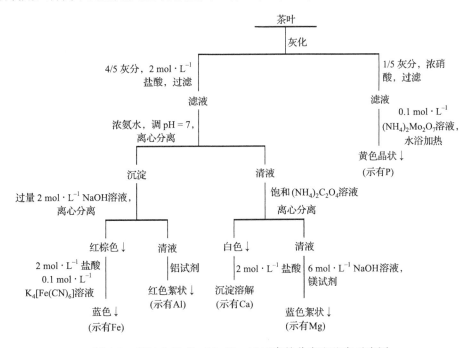

图 4-3　茶叶中 P、Ca、Mg、Fe、Al 元素的分离和鉴定示意图

分离和鉴定过程中的主要反应:

$$12MoO_4^{2-} + HPO_4^{2-} + 3NH_4^+ + 23H^+ \Longrightarrow (NH_4)_3PO_4 \cdot 12MoO_3 \cdot 6H_2O \downarrow + 6H_2O$$

$$Fe^{3+} + 3NH_3 \cdot H_2O \Longrightarrow Fe(OH)_3 \downarrow + 3NH_4^+$$

$$Fe(OH)_3 + 3H^+ \Longrightarrow Fe^{3+} + 3H_2O$$

$$Fe^{3+} + [Fe(CN)_6]^{4-} + K^+ \Longrightarrow KFe[Fe(CN)_6] \downarrow$$

$$Al^{3+} + 3NH_3 \cdot H_2O =\!=\!= Al(OH)_3 \downarrow + 3NH_4^+$$

$$Al(OH)_3 + OH^- =\!=\!= AlO_2^- + 2H_2O$$

$$Ca^{2+} + C_2O_4^{2-} =\!=\!= CaC_2O_4 \downarrow$$

1. 茶叶样品的处理

称取 2 g 干燥的茶叶,放入蒸发皿或坩埚中,在通风橱内用电炉加热充分灰化。冷却后,将灰分转移入研钵中研细备用。在没有研钵的情况下,可用玻璃棒搅碎或用纸包好,用空试剂瓶来回碾压至碎。

提醒:灰化时,蒸发皿或坩埚不需要盖盖。即使这样茶叶也不容易完全灰化,这与茶叶的产地和加工方式有关,但尽量烧至灰分变为灰白色。灰化的目的是去除对检验造成干扰的有机元素,同时使无机元素转化为利于酸溶的形式,如氧化物、相应的盐等。如果灰化不充分,将不利于元素的分离和鉴定。

2. 磷元素的分离和鉴定

茶叶中的 P 元素较丰富,取灰分的 1/5 于一个 50 mL 烧杯中,加入 2 mL 浓硝酸,用玻璃棒搅拌混合均匀,灰白色灰分大部分溶解,剩余部分为少量黑色不溶物,用微型漏斗过滤于小试管中,用蒸馏水洗涤不溶物,合并滤液。取滤液 1 mL 于另一试管中,加入 0.5 mL 钼酸铵试剂,振荡,水浴加热,溶液中析出黄色晶状沉淀,说明有 P。

提醒:用浓硝酸浸取的滤液略带黄色,这与浓硝酸的强氧化性有关,茶叶中的某些物质被氧化,造成溶液黄色,但并不影响 P 的鉴定。

3. Ca、Mg、Al 和 Fe 四种金属元素的分离与鉴定

将剩余茶叶灰分转入 50 mL 烧杯中,加入 2 mol·L^{-1}盐酸 10 mL,加热至沸,改小火微沸 5 min,此过程中保持溶液量约 10 mL。冷却后,过滤,洗涤不溶物,滤液合并。

提醒:加入盐酸的目的是使各种形态的 Ca、Mg、Al 和 Fe,转化为 Ca^{2+}、Mg^{2+}、Al^{3+} 和 Fe^{3+},便于离子鉴定。

取 3 mL 滤液于离心试管中,加入浓氨水,调节溶液 pH 约为 7(用 pH 试纸检验),离心分离。这一步 Ca^{2+}、Mg^{2+} 留在溶液中,而 Al^{3+} 和 Fe^{3+} 以氢氧化物形式沉淀下来。取上清液于另一离心试管中,加入饱和 $(NH_4)_2C_2O_4$ 溶液,至无沉淀生成,离心分离,这一步实现 Ca^{2+} 和 Mg^{2+} 的分离和 Ca^{2+} 的鉴定,清液中剩余了 Mg^{2+}。取上清液于一试管中,加入 0.5 mL 6 mol·L^{-1} NaOH 溶液,加入 3 滴镁试剂,产生蓝色絮状沉淀,说明有镁。

提醒:如果加入镁试剂后,颜色很浅,无沉淀,并不能说明溶液中无镁,而可能是溶液 pH 较小,可以多加几滴 6 mol·L^{-1} NaOH 溶液,观察现象。

上述加入浓氨水后离心分离得到的沉淀,用蒸馏水洗涤 3 次后,加入 6 mol·L^{-1} NaOH 溶液至沉淀不再消失,此过程中 $Al(OH)_3$ 沉淀转化为 $NaAlO_2$ 溶于水,而 Fe 仍以 $Fe(OH)_3$ 的形式存在于沉淀中。离心分离,取上清液于另一试管中,加入 2 滴铝试剂,2 滴浓氨水,振荡,有红色絮状沉淀生成,证明铝的存在。如无沉淀,水浴加热,再观察现象。离心分离得到的棕红色的沉淀,充分洗涤后,加入 2 mol·L^{-1} HCl 溶液溶解,加入 $K_4[Fe(CN)_6]$ 溶液,有蓝色沉淀生成,说明有 Fe。

注意:离心分离得到的上清液,必须转移入另一试管中后,再加入试剂检验,不能直接在原试管中加试剂检验,以避免沉淀的干扰和污染沉淀。离心得到的沉淀,必须充分洗涤,再进行下面的检验。实验中用到水浴加热,实验前可做好水浴。

三、问题与讨论

(1) 检验磷元素时,为什么用硝酸浸取?而检验其他离子时为什么用盐酸,而不用硝酸?

检验磷元素用硝酸,一是利用硝酸的酸性,二是利用硝酸的氧化性,把各种形式的 P 转化为 PO_4^{3-},便于检验。而其他离子的分离和检验时用盐酸,而不用硝酸,也是因为硝酸的氧化性,会造成检验试剂的氧化,干扰这些离子的检验。

(2) 镁试剂和铝试剂是什么?其检验原理各是什么?

镁试剂为对硝基苯偶氮间苯二酚,其结构如图 4-4 所示。在碱性条件下,镁试剂溶液为紫红色。它之所以能够检验镁,是因为其可以吸附 $Mg(OH)_2$,生成特征天蓝色沉淀。

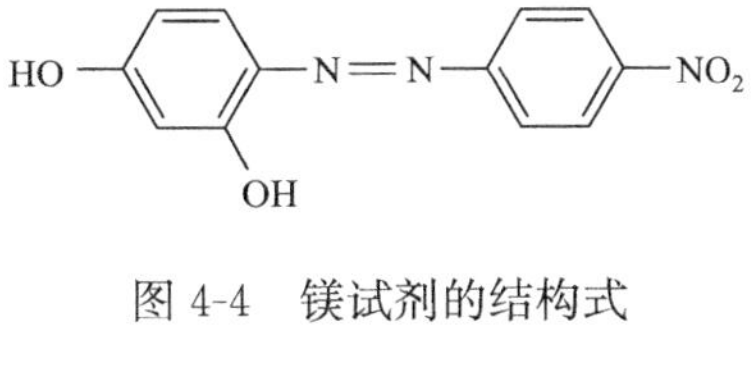

图 4-4　镁试剂的结构式

铝试剂为三苯甲烷类酸性染料,结构如图 4-5 所示。在酸性条件下,铝试剂可以与 Al^{3+} 发生配位反应,呈现紫红色,当溶液中加入氨水时,未配位羧酸部分转变为铵盐而使溶解度减低,析出紫红色絮状沉淀,从而检验铝(见鉴定过程中的主要反应部分)。

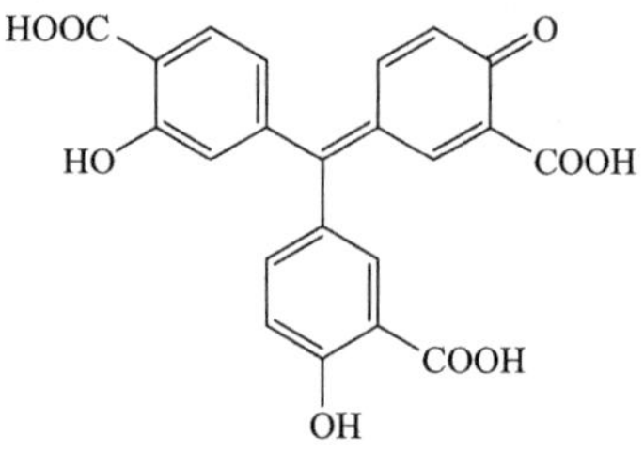

图 4-5　铝试剂的结构式

（苗金玲编写）

实验 48　乙二酸合铬(Ⅲ)酸钾顺反异构体的制备与鉴别

一、预 习 提 要

本实验属于无机制备实验。前面学习了乙二酸合铁酸钾的制备,本实验学习乙二酸合铬(Ⅲ)酸钾的制备,与乙二酸合铁酸钾的制备不同,本实验是微型实验。实验过程中可以加深对配合物顺反异构体的认识。通过预习,结合课本知识,回答下列问题:

(1) 什么是配合物的顺反异构? 乙二酸合铬(Ⅲ)酸钾的顺反异构体结构是怎样的?

(2) 乙二酸合铬(Ⅲ)酸钾顺反异构体的制备各利用了其什么性质?

(3) 制备反式异构体时,溶液自然挥发结晶,溶液能否挥发至干? 为什么?

(4) 制备顺反异构体时,各用什么溶剂洗涤除杂? 为什么?

(5) 顺反异构体的鉴别利用了顺反异构体各自的什么特性?

二、实 验 指 导

配合物的顺反异构是配合物中最常见的异构现象,主要发生在配位数为 4 的平面四方形结构和配位数为 6 的八面体结构中。同类配体或配位原子彼此位于相邻位置的异构体称为顺式异构体。同类配体或配位原子彼此位于对位的异构体称为反式异构体。顺反异构体并不是一成不变的,在溶液中可能相互转化。图 4-6 为本实验要制备的乙二酸合铬(Ⅲ)酸钾顺反异构体的结构示意图(钾离子和结晶水未画出)。

顺反异构体虽然只是几何结构的不同,但性质往往具有较大差别,如人们熟知的顺式-二氯·二氨合铂(Ⅱ),俗称顺铂,具有抗癌作用,但其反式异构体却没有抗癌能力。本实验制备的乙二酸合铬(Ⅲ)酸钾顺反异构体的性质也有较大不同,如颜色不

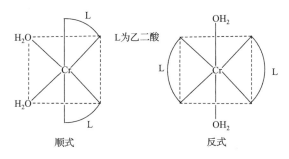

图 4-6　乙二酸合铬酸钾顺反异构体的结构示意图

同,顺式异构体为紫黑色而反式异构体为玫瑰紫色。与稀氨水反应生成的碱式盐在水中的溶解度也不同,顺式异构体生成易溶于水的深绿色顺式二乙二酸·羟基·水合铬(Ⅲ)离子,反式异构体则生成难溶于水的反式二乙二酸·羟基·水合铬(Ⅲ)离子。本实验正是利用此差别检验和区别顺反异构体。

　　配位化合物顺反异构体的制备通常有两种方法:一是立体定向合成单一异构体;二是通过分离顺反异构体制得单一异构体。本实验中反式异构体的制备就是利用反式异构体在水中的溶解度比顺式异构体小的特点,从水溶液中分离得到。

　　本实验要进行两方面的工作:一是分别制备顺反乙二酸合铬(Ⅲ)酸钾;二是鉴别得到的产物。

1. 反式异构体 trans-K[Cr(C₂O₄)₂(H₂O)₂]·3H₂O 的制备

　　在水溶液中,乙二酸和 $K_2Cr_2O_7$ 按物质的量的比 7∶1 反应,生成顺反乙二酸合铬(Ⅲ)酸钾的混合物,以顺式为主。水溶液中这两种异构体可以相互转化。

$$cis\text{-}K[Cr(C_2O_4)_2(H_2O)_2] \rightleftharpoons trans\text{-}K[Cr(C_2O_4)_2(H_2O)_2]$$

　　反式异构体在水溶液中的溶解度远小于顺式异构体,所以当混合物的水溶液常温自然挥发时,首先从溶液中析出的是反式异构体。

　　注意:如果溶液完全挥发至干,将得不到纯的反式异构体。因此,自然挥发结晶时,需要留有溶液。

　　提醒:(1)乙二酸和 $K_2Cr_2O_7$ 的反应剧烈,$K_2Cr_2O_7$ 需要分批加入乙二酸溶液中,必要时用表面皿盖住小烧杯。因实验用溶剂较少,反应最后得到的溶液颜色为棕红色,较黏稠,无需进一步浓缩,直接放置自然挥发,一般三天后析出晶状固体。因反式异构体在水中的溶解度较小,得到的沉淀可以先用冷的蒸馏水(冰箱冷藏半小时)洗涤,除去顺式异构体和其他杂质,再用少量无水乙醇洗涤。产物可于烘箱中 60 ℃干燥 1～2 h,冷却后,称重,计算产率。

　　(2)如果反式异构体无法结晶析出,可在溶液中加入少量乙醇,快速搅拌,利用溶剂替换法得到玫瑰紫色固体产物,即为反式异构体。

2. 顺式异构体 $cis\text{-}K[Cr(C_2O_4)_2(H_2O)_2]\cdot 3H_2O$ 的制备

在极少量水存在的情况下,乙二酸和 $K_2Cr_2O_7$ 按物质的量的比 7∶1 反应得到顺式异构体,产物用无水乙醇洗涤,即可获得。注意避免水的引入,防止顺式异构体向反式异构体的转化,从而得到纯的顺式异构体。

分别称取 0.6 g $H_2C_2O_4\cdot 2H_2O$ 和 0.2 g $K_2Cr_2O_7$ 于 25 mL 小烧杯中,用玻璃棒搅拌混匀,堆成锥状,中间用玻璃棒捅一小坑,滴入一小滴蒸馏水,然后快速搅拌混合物,混合物反应剧烈,得到黑褐色黏稠物。加入 2 mL 无水乙醇,搅拌直到颗粒状固体出现,用微型漏斗过滤,用乙醇洗涤,产物干燥后,称重,计算产率。

提醒: 乙二酸和 $K_2Cr_2O_7$ 混合物中,滴入一滴蒸馏水,待诱导期过后,反应剧烈,但因溶剂量少,烧杯中往往会有未反应的乙二酸和 $K_2Cr_2O_7$。在滴入蒸馏水后,充分搅拌混合物可使反应充分完全。

注意: 实验中要用无水乙醇,避免引入水。

三、问题与讨论

在乙二酸合铬(Ⅲ)酸钾顺反异构体的制备过程中,$C_2O_4^{2-}$ 起到什么作用?

与乙二酸合铁酸钾的制备不同,在乙二酸合铬(Ⅲ)酸钾顺反异构体的制备过程中,$C_2O_4^{2-}$ 具有双重作用,既作为还原剂还原 $K_2Cr_2O_7$ 得到 Cr^{3+},也作为配体与 Cr^{3+} 配位。

(苗金玲编写)

实验 49　$[Co(NH_3)_5Cl]Cl_2$ 水合反应速率常数和活化能的测定

一、预 习 提 要

本实验属于化学反应动力学实验。《无机及分析化学实验》中涉及的化学反应动力学的实验较少。在复习《无机化学》和自学《配位化学》中有关章节的内容以及认真阅读本实验内容后,回答下列问题:

(1) Co^{2+} 极难氧化为 Co^{3+},为什么本实验可由 $CoCl_2$ 为原料制得 $[Co(NH_3)_5Cl]Cl_2$?

(2) 什么是配合物配体取代反应的 S_N1 和 S_N2 机理? 本实验中 $[Co(NH_3)_5Cl]Cl_2$ 的水合反应按 S_N1 机理处理,得到的反应速率常数会与按 S_N2 机理得到的不同吗?

(3) 影响反应速率常数的因素有哪些? 在吸光度测试过程中,计时开始的时间,对反应速率常数的计算有影响吗？开始计时后,时间的记录是否需要准确？

（4）$[Co(NH_3)_5Cl]Cl_2$ 溶液的配制过程中,加入硝酸的目的是什么？能否换成盐酸？

（5）在数据处理时,如何计算 $[Co(NH_3)_5H_2O]^{2+}$ 的 A_∞？

二、实 验 指 导

在水溶液中电对 Co^{3+}/Co^{2+} 的标准电极电势为 1.84 V,Co^{2+} 极难被一般氧化剂氧化为 Co^{3+},但当生成配合物后,电位会明显减小,用一般氧化剂,如氧气或双氧水即可氧化 Co^{2+} 的配合物为 Co^{3+} 的配合物。钴（Ⅲ）氨配合物有多种,通过控制制备条件可以得到不同组成的配合物。在没有催化剂的情况下,可制得 $[Co(NH_3)_5(H_2O)]Cl_3$,在浓盐酸中 $[Co(NH_3)_5(H_2O)]Cl_3$ 可转化为 $[Co(NH_3)_5Cl]Cl_2$,而在酸性条件下,$[Co(NH_3)_5Cl]Cl_2$ 又可水合为 $[Co(NH_3)_5(H_2O)]Cl_3$。

$$[Co(NH_3)_5Cl]Cl_2 + H_2O \xrightarrow{H^+} [Co(NH_3)_5H_2O]^{3+} + 3Cl^-$$

该水合反应属于配体取代反应,其反应机理为 S_N1 还是 S_N2 仍然存在争议。按 S_N1 机理该水合反应是分步进行的,第一步是 Co-Cl 配位键的断裂,较慢,第二步是水分子与 Co^{3+} 配位,很快可以完成。

$$[Co(NH_3)_5Cl]^{2+} \xrightarrow[\text{慢}]{-Cl^-} [Co(NH_3)_5]^{3+} \xrightarrow[\text{快}]{+H_2O} [Co(NH_3)_5H_2O]^{3+}$$

第一步是决速步骤,其反应速率方程为

$$v = k_1 c_{[Co(NH_3)_5Cl]^{2+}} \tag{4-1}$$

按 S_N2 机理,水分子与 Co^{3+} 结合及 Cl^- 的离去是同时进行的,水合过程经历一个七配位的中间体。

$$[Co(NH_3)_5Cl]^{2+} + H_2O \xrightarrow{\text{慢}} [Co(NH_3)_5(H_2O)Cl]^{2+} \xrightarrow[\text{快}]{-Cl^-} [Co(NH_3)_5H_2O]^{3+}$$

生成中间体的过程是决速步骤,其反应速率与 $[Co(NH_3)_5Cl]^{2+}$ 和 H_2O 的浓度都有关系,因反应是在水溶液中进行,H_2O 的浓度基本保持不变,所以 $k_2 c_{H_2O}$ 为常数 k_2'。

$$v = k_2 c_{[Co(NH_3)_5Cl]^{2+}} \cdot c_{H_2O} = k_2' c_{[Co(NH_3)_5Cl]^{2+}} \tag{4-2}$$

可见该水合反应无论是 S_N1 还是 S_N2 机理,都可按一级反应处理。对于一级反应,浓度与时间的关系为

$$\ln c_{[Co(NH_3)_5Cl]^{2+}} = -kt + B \tag{4-3}$$

$\ln c_{[Co(NH_3)Cl]^{2+}}$ 与水合时间呈线性关系,由 $\ln c_{[Co(NH_3)Cl]^{2+}}$ 对时间作图,直线的斜率

即为反应速率常数。本实验中$[Co(NH_3)_5Cl]^{2+}$的瞬时浓度,通过测定t时间$[Co(NH_3)_5Cl]^{2+}$在波长 550nm 处的吸光度得到。由朗伯-比尔定律$A=\varepsilon bc$,可得

$$\ln c_{[Co(NH_3)_5Cl]^{2+}} = \ln A_{[Co(NH_3)_5Cl]^{2+}} + D \tag{4-4}$$

结合式(4-3)得

$$\ln A_{[Co(NH_3)_5Cl]^{2+}} = -kt + B' \tag{4-5}$$

在 550 nm 处不仅$[Co(NH_3)_5Cl]^{2+}$有吸收,产物$[Co(NH_3)_5H_2O]^{3+}$也有吸收,所以测得的吸光度是$[Co(NH_3)_5Cl]^{2+}$和$[Co(NH_3)_5H_2O]^{3+}$吸光度之和,所以

$$A_{[Co(NH_3)_5Cl]^{2+}} = A - A_{[Co(NH_3)_5H_2O]^{3+}} \tag{4-6}$$

因$[Co(NH_3)_5H_2O]^{3+}$在 550nm 处摩尔吸光系数 21.0 L·mol^{-1}·cm^{-1},较小,$A_{[Co(NH_3)_5H_2O]^{3+}}$ 可用 $[Co(NH_3)_5Cl]^{2+}$ 完全转化为 $[Co(NH_3)_5H_2O]^{3+}$ 时,$[Co(NH_3)_5H_2O]^{3+}$的吸光度A_∞计算。那么

$$\ln A_{[Co(NH_3)_5Cl]^{2+}} = \ln(A - A_\infty) = -kt + B' \tag{4-7}$$

由$\ln(A - A_\infty)$对水合时间作图,所得直线的斜率,即为反应速率常数。由不同温度下的水合速率常数关系,可求得水合反应的活化能E_a:

$$\ln \frac{k_{T_2}}{k_{T_1}} = \frac{E_a}{2.303R}\left(\frac{1}{T_1} - \frac{1}{T_2}\right)$$

本实验我们要完成两方面的工作:首先合成$[Co(NH_3)_5Cl]Cl_2$;然后测定两个不同的温度下,其水合反应的速率常数,以便计算水合反应的活化能。

1. $[Co(NH_3)_5Cl]Cl_2$ 的制备

$[Co(NH_3)_5Cl]Cl_2$的合成步骤参考实验 40[一种钴(Ⅲ)氨配合物的制备及组成分析],各反应物的用量减少一半即可。本着节约的原则,也可以直接用实验 40 中制得的$[Co(NH_3)_5Cl]Cl_2$进行本次实验。

提醒:严格按实验步骤合成,制得纯净产物,否则造成后面测试的较大误差。

2. $[Co(NH_3)_5Cl]Cl_2$ 水合速率常数的测定

分别测定 60 ℃和 80 ℃时$[Co(NH_3)_5Cl]Cl_2$的水合反应的速率常数。根据实际情况,可以采取两种不同的测定方法。

1) 方法一

称取一定量$[Co(NH_3)_5Cl]Cl_2$固体,加少量水,加热使固体溶解,转移入 25 mL容量瓶中,加入一定量的浓硝酸,稀释到刻度,使溶液中硝酸浓度达到 0.3 mol·L^{-1},配合物浓度为 1.2×10^{-2} mol·L^{-1}。

注意:加入硝酸的目的是创造水合反应的酸性环境。避免用盐酸调节酸度,因

为水合反应会生成 Cl^-,加入 Cl^- 会抑制水合反应的进行。

分别取 3 mL 配好的溶液于两支带塞比色皿中。然后将比色皿分别放进 60℃ 和 80℃ 的恒温水浴中,加热 5 min 后(冬天,适当延长时间),用温度计测定水浴的实际温度,并记录。以 0.3 mol·L^{-1} 硝酸溶液为参比液,在 550 nm 波长处每隔 5 min 测一次吸光度,当吸光度变化小于 0.004 时,即可停止测试(因 722 型分光光度计的吸光度误差为 0.004)。

提醒:测定时,从水浴中取出比色皿快速振荡混匀,用吸水纸擦去外壁的水,立刻测定吸光度,测完后立即将比色皿放回水浴锅。测试过程一定要快,争取用最快的速度完成,以减小温度变化造成的误差。

2) 方法二

如果没有带塞比色皿,需配制 100 mL 含有 0.3 mol·L^{-1} 硝酸的 1.2×10^{-2} mol·L^{-1} $[Co(NH_3)_5Cl]Cl_2$ 溶液,将溶液均分于两个 50 mL 容量瓶中。然后将两份溶液分别放进 60℃ 和 80℃ 的恒温水浴中,加热 5 min 后(冬天,适当延长时间),用温度计测定溶液的实际温度,并记录。以 0.3 mol·L^{-1} 硝酸溶液作参比液,用 1 cm 比色皿在 550 nm 波长处每隔 5 min 测一次吸光度,当吸光度变化小于 0.004 时,停止测试。测定时,从水浴中取出容量瓶,将溶液快速混匀,倒出约 3 mL 于比色皿中,将容量瓶放回水浴锅,立刻测定比色皿中溶液吸光度。测试过程一定要快,争取用最快的速度完成,以减小温度变化造成的误差。测完后的溶液弃去,不要倒回原容量瓶。

第二种方法比第一种方法繁琐,误差大,但符合大多数大专院校的实际情况。

提醒:①无论哪种方法,因测试温度较高,测试时,注意不要烫到自己;②不必纠结于测试开始计时的时间,实际上加热 5 min 后开始计时还是 10 min 后开始计时,对测试结果都没有影响(因水合速率常数都不会变),但一旦开始计时,就要严格记录测试时间,时间不准确,测试结果会有较大误差;③测到吸光度无明显变化的时间,60℃ 时约需 1 h,80℃ 时约需 30 min。

三、实验记录和报告

$[Co(NH_3)_5Cl]Cl_2$ 的合成,需记录产物的颜色、状态和产量。溶液的配制,需记录称量 $[Co(NH_3)_5Cl]Cl_2$ 的质量,加入浓硝酸以及最终配成溶液的体积。速率常数的测定,以表格方式记录,以免混乱,参考表格如下:

温度:_____℃

t/min	5	10	…					
A								

表格不够用可以再加列。处理所得数据时,作图可用 Excel 或 Origin 软件,使用方法参考实验 31(邻二氮菲吸光光度法测定铁)的实验指导。得到两个不同温度下

反应的速率常数，并计算水合反应的活化能。当$[Co(NH_3)_5Cl]^{2+}$ 完全转化为
$[Co(NH_3)_5H_2O]^{3+}$ 时，$[Co(NH_3)_5H_2O]^{3+}$ 的浓度为$[Co(NH_3)_5Cl]^{2+}$ 的初始浓度，
即 $1.2×10^{-2}$ mol·L^{-1}，比色皿厚度为 1 cm，根据朗伯-比尔定律，得

$$A_\infty = 21.0 × 1.2 × 10^{-2} × 1 = 0.252$$

实验报告参考定量分析实验报告的格式书写。

四、问题与讨论

（1）本次实验的误差来源有哪些？

误差来源主要有三个方面：一是制得的化合物不纯；二是测试过程不够迅速；三是记录时间混乱。

（2）550 nm 是否为$[Co(NH_3)_5Cl]Cl_2$ 的最大吸收波长？

虽然实验中测定波长为 550 nm，但$[Co(NH_3)_5Cl]Cl_2$ 的最大吸收波长并不是 550 nm，而是 510 nm。之所以测试 550 nm 处的吸光度是出于两方面的考虑。一是 550 nm 处可以最大限度避免$[Co(NH_3)_5H_2O]Cl_3$ 的影响。从图 4-7 可知相同浓度的$[Co(NH_3)_5Cl]Cl_2$ 与$[Co(NH_3)_5H_2O]Cl_3$ 在 510 nm 处的吸光度基本相同，而在 550 nm 处的吸光度差值最大，如果测试 510 nm 处的吸光度，吸光度将不会有太大变化。二是本实验所用溶液的浓度，使 $[Co(NH_3)_5Cl]Cl_2$ 溶液在 550 nm 处有足够大的吸光度，可观察到吸光度随时间的明显变化。

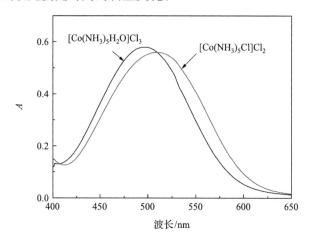

图 4-7　$1.2×10^{-2}$ mol·$L^{-1}[Co(NH_3)_5Cl]Cl_2$ 和$[Co(NH_3)_5H_2O]Cl_3$ 溶液的吸收曲线

（苗金玲编写）

实验50　2,6-二氯酚靛酚法测定水果蔬菜中维生素C的含量

一、预习提要

维生素C是人类必需维生素,对身体健康至关重要。本实验我们学习利用2,6-二氯酚靛酚氧化还原滴定测定水果蔬菜中维生素C含量的方法,同时练习微量滴定操作。通过预习回答下列问题:

(1) 本实验属于氧化还原滴定,滴定指示剂属于哪类? 滴定终点颜色如何变化?

(2) 维生素C的标准溶液,为什么需要现配现用? 维生素C溶液为什么用$10 \text{ g} \cdot \text{L}^{-1}$的乙二酸配制?

(3) 配制2,6-二氯酚靛酚溶液时,加入$NaHCO_3$的目的是什么?

(4) 本实验是否有必要计算2,6-二氯酚靛酚溶液的准确浓度? 为什么?

(5) 浸取水果蔬菜中的维生素C,用什么溶剂? 为什么?

(6) 滴定过程为什么需要先快后慢?

(7) 微量滴定管使用注意事项有哪些?

二、实验指导

维生素C(Vc),又名抗坏血酸,为无色晶体,是一种重要的水溶性维生素。维生素C摄入不足、吸收障碍都可以致病。人体不能合成及储存维生素C,故必须从外界摄取。维生素C在自然界分布很广,主要存在于植物性食物的果实、浆果和蔬菜中。水果蔬菜中维生素C的测定方法主要有高效液相色谱法、分光光度法、原子吸收光谱法、荧光分光光度法、滴定分析法等,这些方法各有利弊。本实验学习2,6-二氯酚靛酚滴定法测定水果蔬菜中维生素C的含量。

本实验属于氧化还原滴定。氧化型2,6-二氯酚靛酚可将维生素C氧化成脱氢维生素C,同时2,6-二氯酚靛酚变为还原型2,6-二氯酚靛酚,此反应为1:1计量反应。2,6-二氯酚靛酚为染料,氧化型在中性和碱性溶液中为深蓝色,在酸性溶液中为红色,而还原型在中性和酸性溶液中为无色。维生素C在酸性溶液中稳定,在碱性和中性溶液中容易被空气中的氧气氧化。综合考虑这些因素,为了便于观察滴定的终点,避免副反应的发生,该滴定反应适合在酸性溶液中进行。在未达化学计量点时,滴入的氧化型2,6-二氯酚靛酚与维生素C反应生成无色的还原型2,6-二氯酚靛酚,溶液为无色。化学计量点后,稍过量的氧化型2,6-二氯酚靛酚使溶液变为粉红色,以此作为滴定的终点。所以,该氧化还原滴定不需要外加指示剂,利用的是自身指示剂。因2,6-二氯酚靛酚价格较高,所以一般选用5 mL微型滴定管进行微量滴定。

目前市售的微型滴定管有1 mL、2 mL、3 mL、5 mL、10 mL等不同体积的滴定

管,根据固定方式不同分为夹式和座式两种。早期的滴定管分碱式和酸式两种,现在大多数酸式滴定管都用聚四氟乙烯旋塞,实现了酸碱通用。图 4-8 为常用的夹式和座式两种滴定管。

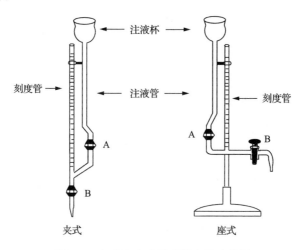

图 4-8　夹式和座式微型滴定管示意图

　　夹式滴定管与常量滴定管一样,用夹子固定即可,而座式滴定管安上底座即可使用。微量滴定管有刻度管和注液管两部分组成,与常量滴定管一样,用之前需要洗涤、检漏。注意 A 和 B 两个旋塞都要检漏,检漏不仅要注意旋塞周围是否有液滴,还要检查在 A 旋塞关闭的情况下,注液管是否会向刻度管漏液。检查方法:使注液管和刻度管中都装有一半以上的蒸馏水,关闭注液管旋塞 A,在注液管再加入一定量溶液,记录刻度管中液面高度,观察刻度管中液面是否上升。如果上升说明漏液,需要在旋塞 A 上涂抹凡士林后,重新检漏。管子不漏时方可使用。滴定前,需要润洗滴定管,在注液杯中加入标准溶液,打开旋塞 A,使刻度管中溶液达到管高的二分之一,打开旋塞 B,使部分溶液从尖嘴流出,剩余从上口倒出。润洗三遍后,关闭旋塞 A 和 B,在注液杯中注满溶液,小心不要洒出,打开旋塞 A,注意观察注液杯中溶液的高度,及时加液,不能排空,否则注液管会出现气泡,当刻度管中溶液至零刻度时,关闭旋塞 A,打开旋塞 B,调节液面到零刻度线后,开始滴定。对于 5 mL 的滴定管来说,滴定液用量控制在 1~4 mL,读数到小数点后 3 位。

　　本实验我们需要进行两方面的工作:一是配制 2,6-二氯酚靛酚标准溶液并标定其浓度;二是测定选定的水果蔬菜中 Vc 的含量。

1. 2,6-二氯酚靛酚标准溶液的配制和标定

　　因市售 2,6-二氯酚靛酚不纯,2,6-二氯酚靛酚标准溶液需要用间接法配制。按一般溶液的配制方法配制 $0.2\ g \cdot L^{-1}$ 2,6-二氯酚靛酚溶液 250 mL。配制溶液时,加入 $NaHCO_3$,使溶液为弱碱性,得到深蓝色溶液。如果试剂为 2,6-二氯酚靛酚钠,

则配制溶液时不需要加入 NaHCO$_3$,因为溶液本身即为弱碱性。

2,6-二氯酚靛酚的浓度用 Vc 标准溶液进行标定。Vc 标准溶液采用直接法配制,用分析天平称取 Vc,配制于容量瓶中,注意用 10 g·L^{-1}的乙二酸溶液代替水进行配制。

提醒:Vc 标准溶液用乙二酸溶液代替水配制溶液,一是为了保证滴定时的酸度,二是防止 Vc 被空气氧化。

Vc 标准溶液在酸性溶液中虽然被空气氧化较缓慢,但是依然会被氧化,所以 Vc 标准溶液需要现用现配,不能长期放置。配好的 2,6-二氯酚靛酚标准溶液放在冰箱中,可以使用一个星期,用时用 Vc 标定。标定时取 5.00 mL 的 Vc 标准溶液和 5 mL 10 g·L^{-1}的乙二酸溶液混合后,进行滴定,滴定液用量为 2 mL 左右。滴定平行误差要求小于 0.1 mL。滴定时,可以在锥形瓶下垫张白纸,以便观察滴定终点。

提醒:2,6-二氯酚靛酚标准溶液不需要计算准确浓度,只要计算滴定度 T 即可,即 1 mL 2,6-二氯酚靛酚标准溶液相当于 Vc 的毫克数。

2. 样品中 Vc 含量的测定

大多数水果、蔬菜中都含有丰富的 Vc,可以根据季节的不同,挑选测试对象。水果蔬菜含有抗坏血酸氧化酶,可导致 Vc 在浸提过程中氧化,因此浸提剂要求抑制该酶的活性,保证 Vc 不被氧化。最好的浸提剂为偏磷酸,但其价格较高,一般用 20 g·L^{-1}乙二酸溶液代替偏磷酸,也可以达到较好的效果。

颜色较重的样品,会干扰滴定终点的判断,可用白陶土或 300 g·L^{-1} ZnAc$_2$ 和 150 g·L^{-1} K$_4$[Fe(CN)$_6$](两者反应生成白色胶状沉淀,可吸附色素)混合物脱色。如果仍然不能脱色,此样品不适合用该方法测试。泡沫较多的样品,可以加入 2~3 滴戊醇消除泡沫。

水果蔬菜中的其他还原性物质也可使滴定剂被还原,但反应的速度没有 Vc 的氧化反应速度快,因此为减小误差,滴定开始时,滴液的速度要快,直到红色褪去较慢时,再逐滴滴加,滴至粉红色 15 s 不褪色,即为终点。整个操作过程控制在 2 min 之内。

注意:滴定剂用量控制在 1~4 mL,如果样品含 Vc 量较多或较少,可以酌情增减样品溶液用量或改变提取液稀释度。

表 4-2 是部分水果中 Vc 大体含量(mg·100 g^{-1}),供参考。

表 4-2 部分水果中 Vc 大概含量

猕猴桃	鲜枣	草莓	橙子	枇杷	橘、圣女果	香蕉、梨	桃子	葡萄、无花果、苹果
420	380	80	50	35	30	20	10	5

三、实验记录和报告

实验记录完成下面的两个表格。实验报告参考定量分析实验报告格式书写。

1. 2,6-二氯酚靛酚标准溶液的配制及标定

Vc 浓度/(mg·mL⁻¹)				
Vc 体积/mL				
滴定液体积/mL				
T/(mg·mL⁻¹)				
$\bar{T}$/(mg·mL⁻¹)				

2. 样品中 Vc 含量的测定

样品质量/g				
样品体积/mL				
滴定液体积/mL				
Vc 含量/(mg·100 g⁻¹)				
平均 Vc 含量/(mg·100 g⁻¹)				

四、问题与讨论

（1）本实验的滴定反应需要在酸性条件下进行,为什么配制 2,6-二氯酚靛酚碱性标准溶液?

氧化性 2,6-二氯酚靛酚在碱性条件下是深蓝色,酸性条件下是粉红色。用碱性 2,6-二氯酚靛酚滴定酸性的测定物,滴到粉红色即为滴定终点。之所以配制碱性的 2,6-二氯酚靛酚标准溶液,一是为了增加滴定前后颜色的对比度,二是 2,6-二氯酚靛酚在碱性条件下的稳定性比在酸性条件下高。因配制的 2,6-二氯酚靛酚的标准溶液碱性较弱,滴定时,不足以改变测定物的酸度,对滴定结果并无影响。

（2）本方法测定 Vc 与其他方法比较,存在哪些优缺点?

本方法的优点是操作简便,适合于大批水果蔬菜的测定。其缺点是测定的是还原型 Vc 的含量,而非 Vc 总含量,对于颜色较重的样品,测试误差较大。本方法不适合于溶液中存在大量还原性物质,如 Fe^{2+}、Sn^{2+}、Cu^+、SO_3^{2-}、$S_2O_3^{2-}$ 等的样品的测试。

（苗金玲编写）

实验 51　莫尔法测定氯化物中 Cl⁻ 的含量

一、预 习 提 要

本实验主要进行沉淀滴定操作练习,巩固沉淀-溶解平衡的相关理论以及沉淀滴定的相关知识。沉淀滴定涉及 pH 控制、指示剂的选择、掩蔽等方面的理论知识。本实验涉及体系较为简单,通过本实验可以掌握莫尔法测定氯的原理和方法。

进行实验以前,通过相关理论的学习和本实验预习回答下列问题:

(1) 什么是银量法? 银量法的分类及区分方法?

(2) 指示剂为 K_2CrO_4,浓度以 5×10^{-3} mol·L⁻¹ 为宜,请说明指示剂的用量对滴定的影响?

(3) 用 K_2CrO_4 作指示剂,滴定终点前后溶液颜色呈现什么变化?

(4) 根据实验原理解释为什么生成砖红色沉淀即为滴定终点?

(5) 本实验应该选用什么样的滴定管? 其数据保留到小数点后几位?

(6) 微量滴定管与常量滴定管润洗方法有何不同?

二、实 验 指 导

沉淀滴定法是基于沉淀反应的滴定分析法,比较有实际意义的是生成微溶性银盐的反应,以此类反应为基础的沉淀滴定法称为银量法。根据指示剂的不同,银量法可以分为莫尔法、福尔哈德法、法扬司法等。

本次实验是以 K_2CrO_4 为指示剂,用 $AgNO_3$ 标准溶液进行滴定的莫尔法来测定氯的含量。本实验的主要内容分为两部分:$AgNO_3$ 溶液的标定和试样分析。

1. $AgNO_3$ 溶液的标定

本实验采用的是微量滴定管,容积为 5 mL,最小可读到 0.001 mL。有关微量滴定管的结构以及洗涤、润洗、滴定等操作,参见实验 50(2,6-二氯酚靛酚法测定水果蔬菜中维生素 C 的含量)的有关内容。

滴定必须在中性或弱碱性溶液中进行,最合适的 pH 为 $6.5 \sim 10.5$,若酸性过强,K_2CrO_4 会转化为 $K_2Cr_2O_7$,使溶液中 CrO_4^{2-} 减少,滴定终点过迟出现甚至不出现;若碱性过大,会析出 Ag_2O 沉淀。指示剂的用量对此滴定反应也有影响,一般以 5×10^{-3} mol·L⁻¹ 为宜,浓度低会导致滴定终点过迟出现,影响准确度;浓度高会导致滴定终点提前且自身颜色对滴定终点也有影响。

滴定过程中的颜色变化:开始为白色沉淀,最后出现砖红色沉淀。由于 AgCl 的

溶解度小于 Ag_2CrO_4 的溶解度,因此在滴定过程中 AgCl 定量沉淀后,过量一滴 $AgNO_3$ 溶液便与 CrO_4^{2-} 生成砖红色沉淀,指示滴定的终点。

标定:准确称取 0.7～0.9 g NaCl 基准物质于小烧杯中,用蒸馏水溶解,转移至 250 mL 容量瓶中,稀释至刻度,摇匀(四人一份)。用吸量管移取 2.00 mL NaCl 基准溶液于锥形瓶中,加入 5 mL 水后,加入 2 滴 50 g·L^{-1} K_2CrO_4 溶液,在不断摇动下,用 $AgNO_3$ 溶液滴定至出现砖红色沉淀,即为终点,平行测定三次,根据消耗的 $AgNO_3$ 溶液的体积和 NaCl 的质量计算 $AgNO_3$ 溶液的浓度。

2. 试样分析

准确称取 0.7～0.9 g NaCl 样品置于烧杯中,加水溶解后,转入 250 mL 容量瓶中,用水稀释至刻度,定容,摇匀(一人一份)。用吸量管移取 2.00 mL NaCl 溶液于锥形瓶中,加入 5 mL 水后,加入 2 滴 50 g·L^{-1} K_2CrO_4 溶液,在不断摇动下,用 $AgNO_3$ 标准溶液滴定至出现砖红色沉淀(黄色中稍带红色即可),即为终点,平行测定三次,计算试样中氯的含量。

实验完毕后,将装有 $AgNO_3$ 溶液的滴定管先用蒸馏水冲洗 2～3 次后,再用自来水洗净,以免试剂残留于管内。

三、实验报告和记录

实验记录应简洁,一些过程可采用线图方式,主要填写称量试剂的质量、配制的体积以及滴定过程中试剂的用量等内容,数据处理课下进行。

实验报告在教材中有相应的参考模板,画表后填写相应记录数据以及计算处理后的数据,进行实验总结和完成实验习题。

四、问题与讨论

(1) 为什么滴定要在中性或弱碱性的条件下进行?

若在酸性介质中,CrO_4^{2-} 将转变为 $Cr_2O_7^{2-}$,溶液中 CrO_4^{2-} 浓度将减小,滴定终点过迟出现,甚至难以出现。但如果溶液碱性太强,则会有 Ag_2O 沉淀析出。

(2) 滴定应在中性或弱碱性的条件下进行,最适合的 pH 为 6.5～10.5,如果有铵盐 pH 应控制在 6.5～7.2,为什么?

如果有铵盐存在,溶液的 pH 应控制在 6.5～7.2,碱性强则有可能因为生成 $[Ag(NH_3)_2]^+$,影响实验结果。

（范大伟编写）

实验 52　食用醋中总酸度的测定

一、预 习 提 要

本实验为酸碱滴定中的强碱滴定弱酸。在学习食用醋中总酸度的测定方法的基础上,进一步练习微量滴定操作。通过预习,回答下列问题:

(1) 为什么本实验测定的是食用醋中的总酸度?

(2) 本实验主要有哪些工作?

(3) 本实验对配制溶液所用的蒸馏水有何要求? 如何处理?

(4) 标定 NaOH 溶液浓度的基准物质主要有二水合乙二酸和邻苯二甲酸氢钾两种,本实验为什么选用邻苯二甲酸氢钾而非二水合乙二酸来标定 NaOH 溶液的浓度?

(5) 邻苯二甲酸氢钾标准溶液的配制采用直接法还是间接法? 粗配还是精确配制?

(6) NaOH 标准溶液放置时间过长,吸收了 CO_2,对测定结果有何影响?

(7) 食用醋不稀释可以直接测试吗? 溶液稀释需要精确吗?

(8) 红醋颜色较重时,干扰终点判断,应如何处理样品,以减少干扰?

二、实 验 指 导

食用醋为常用的调味品,目前市场上销售的食用醋有酿造醋和配制醋两种,不管哪种醋,其主要酸性成分均为乙酸,此外也含有少量其他有机弱酸。用 NaOH 溶液滴定乙酸反应为

$$HAc + NaOH =\!=\!= NaAc + H_2O$$

化学计量点 pH 约 8.7,可用酚酞作指示剂。用 NaOH 溶液滴定食用醋时,除乙酸外,其他酸也会同时发生反应。因此,本实验测定的是食用醋中的总酸度。总酸度以 HAc 计,用符号 ρ_{HAc} 表示,单位 $g \cdot (100\ mL)^{-1}$(100 mL 食用醋中含有的 HAc 的克数)。其计算公式为

$$\rho_{HAc} = \frac{c_{NaOH} V_{NaOH} M_{r,HAc}}{V_{食醋}} \cdot f \times 0.1$$

式中,c_{NaOH} 为 NaOH 标准溶液的浓度,单位 $mol \cdot L^{-1}$;V_{NaOH} 为滴定所用 NaOH 标准溶液的体积,单位 mL;$V_{食醋}$ 为滴定时,取用食醋稀释液的体积,单位 mL;$M_{r,HAc}$ 为乙酸摩尔质量;f 为食用醋的稀释度。

食用醋中的总酸度国家规定为 $3 \sim 5\ g \cdot (100\ mL)^{-1}$。

根据实验原理,完成食用醋中的总酸度测定,需要进行两方面的工作:一是NaOH 标准溶液的配制和标定;二是食用醋样品测试。

1. NaOH 标准溶液的配制和浓度标定

NaOH 标准溶液的配制前面的实验已经练习过,采用间接法配制,即粗配NaOH 溶液后,用其他已知浓度的溶液标定其准确浓度。标定 NaOH 溶液的基准物质主要有两种:二水合乙二酸和邻苯二甲酸氢钾。相对于二水合乙二酸,邻苯二甲酸氢钾不含结晶水,不吸潮,容易保存,并且称量造成的误差较小,所以是常用的基准物质。本实验利用邻苯二甲酸氢钾,以酚酞为指示剂,标定 NaOH 标准溶液的浓度。标定反应为 1∶1 反应,根据滴定体积,可以方便地计算 NaOH 标准溶液的浓度。本实验要求 NaOH 溶液浓度保留四位有效数字,以 $mol \cdot L^{-1}$ 为单位。

酸碱滴定中 CO_2 的影响有时不能忽略,特别是本实验,以酚酞为指示剂,滴定终点 pH 约为 9,溶液中的 CO_2 也会被中和为 $NaHCO_3$,影响实验结果的准确性。因此,本实验配制溶液时,所用蒸馏水要求不含有 CO_2。在使用之前将蒸馏水加热煮沸 5 min 可除去溶解的 CO_2,快速冷却后即可使用。同理,标定好的 NaOH 标准溶液不能长时间放置,因 NaOH 可与 CO_2 反应,生成 Na_2CO_3,以酚酞作指示剂,终点时,Na_2CO_3 被滴定为 $NaHCO_3$,而非 CO_2,相当于只有与 CO_2 反应的一半的 NaOH 的发生中和反应,造成较大误差。

提醒:邻苯二甲酸氢钾是基准物质,采用直接法配制标准溶液,用分析天平称量,在容量瓶中定容。

2. 食用醋中总酸度的测定

食用醋的稀释:食用醋中含乙酸为 3%～5%,相当于 0.5～0.8 $mol \cdot L^{-1}$,无法用浓度约为 0.1 $mol \cdot L^{-1}$ NaOH 溶液直接滴定。稀释 10 倍后,2.00 mL 的溶液用 1.6～4 mL 的 0.1 $mol \cdot L^{-1}$ NaOH 溶液可中和,此体积刚好位于 5 mL 微量滴定管的量程范围内,可减小滴定误差。因此,本实验食用醋样品稀释 10 倍后,再测定。稀释时,用移液管量取食用醋,直接转移至容量瓶中,用不含 CO_2 的蒸馏水稀释至刻度。

注意:因乙酸的挥发性强,食用醋取用后,应立即将试剂瓶盖好,以防挥发。

红醋颜色较淡的,溶液稀释后为黄色,以酚酞为指示剂,溶液颜色为褐色,即为终点。如果红醋的颜色太浓,会干扰终点的判断,可以在稀释好的溶液中加入少量中性活性炭,振荡约 5 min 脱色,干过滤(不用水润湿滤纸),前面几毫升溶液弃去,再进行测定。如果一次脱色不理想,可以重复脱色 2～3 次。

注意:食用醋中的总酸度要求平行测定三次,三次最大允许差值 0.1 mL。数据不符合要求,要重新测定,直到达到要求为止。数据处理,要求食用醋中的总酸度保留三位有效数字。

三、实验记录和报告

实验记录完成下面两个表格,实验报告按定量分析实验报告书写。

1. NaOH 溶液的浓度标定

$m_{邻苯二甲酸氢钾}/g$				
$c_{邻苯二甲酸氢钾}/(mol \cdot L^{-1})$				
$V_{邻苯二甲酸氢钾}/mL$	2.00			
V_{NaOH}/mL				
$\bar{V}_{NaOH}/mL$				
$c_{NaOH}/(mol \cdot L^{-1})$				

2. 食用醋中总酸度的测定

取用食用醋体积/mL	5.00			
稀释后食用醋体积/mL	50.00			
稀释度	10			
滴定用食用醋稀释液体积/mL	2.00	2.00	2.00	2.00
滴定消耗 NaOH 体积/mL				
$\rho_{HAc}/[g \cdot (100\ mL)^{-1}]$				
$\bar{\rho}_{HAc}/[g \cdot (100\ mL)^{-1}]$				

四、问题与讨论

(1) 测定乙酸时,能否用甲基橙作指示剂? 为什么?

甲基橙虽然也是常用的酸碱滴定指示剂,但却不适合于本实验。指示剂的选择,要求指示剂的变色范围部分或全部落在滴定的突跃范围之内。甲基橙的变色范围 pH＝3.4～4.4,而本实验的滴定终点为 8.7 左右,如果选择甲基橙作指示剂,误差较大。酚酞的变色范围 pH＝8.2～10,选用酚酞作指示剂,终点误差较小。

(2) 对于红醋来说,由于颜色较深,干扰终点判断。除事先脱色外,还有其他办法避免干扰吗?

测定之前,脱色是减小颜色干扰的有效方法,但是对部分颜色较深的样品,即使脱色 3～4 次,颜色仍然很深,无法准确测定。对于酸碱滴定来说,滴定终点除通过指示剂颜色改变来判断,也可以通过测定溶液 pH 变化来确定。

（苗金玲编写）

第五章 模拟考查题

模拟 1 无机化学实验(理科)笔试

一、填空题(40 分,每空 2 分)

1. 玻璃仪器洗净的标准是_____。

2. 一般情况下,普通试管应采用_____加热,而离心试管则采用_____加热。

3. 实验室进行固液分离常用的操作方法有_____、_____和离心分离。

4. 使用移液管移液时,应将移液管垂直并让管尖紧贴接收容器内壁,使液体自由流下,待溶液流尽后,继续停留_____秒。

5. 用分析天平准确称取硼砂固体,用于标定 HCl 溶液,应采用的称量方法是_____。

6. 粗盐提纯时,调整滤液的 pH 约等于 4 再蒸发,其目的是_____。

7. 称量氢氧化钾、氢氧化钠等不能用称量纸,可以用_____。

8. "粗盐的提纯"实验中,溶解 8 g 食盐用约 30 mL 蒸馏水,后续加热过程仍维持此体积,其依据是_____。

9. 在检验三草酸合铁(Ⅲ)酸钾中 K^+ 是否为外界时,试剂加入方法是将几滴_____加入到_____。

10. 硫酸亚铁铵的制备实验中,铁屑洗净后加硫酸溶解,要求保持溶液的 pH<2,其目的是_____,_____。

11. 乙酸解离常数实验中,测 pH 时,除需要记录 pH 外,还需要记录溶液的_____。

12. 讨论浓度对反应速率的影响时,要求每次实验的总体积不变,不足者用 KNO_3 或硫酸铵替代,目的是_____。

13. 硫酸亚铁铵制备实验中,最后浓缩阶段为防止晶体迸溅,应采取的措施是_____、_____。

14. 制备 $Mn(OH)_2$ 时,用长滴管取 NaOH 时插入试管_____,放出 NaOH 时要慢,整个过程保持稳定,试管_____。

二、简答题(40 分,每题 5 分)

1. 实验室如何配制与保存 $SnCl_2$ 溶液?解释原因。

2. 反应速率测定实验中,以蓝色出现点计算时间,是不是蓝色出现就意味着反应中止?

3. 硫酸亚铁铵制备实验,依据哪种原料计算理论产量?为什么?

4. 减压过滤时,为防止密封不佳而漏液,应如何操作?

5. 移液操作时,移液管中残留的一滴如何处理?

6. 递减称量时,如果称量质量超出指定范围,该如何处理?

7. 烧杯中溶液转移至容量瓶时,为防止最后一滴沿烧杯外壁流下造成损失,应如何操作?

8. 乙酸电离常数测定实验中,测定 pH 时,为什么要按从稀到浓的顺序?

三、设计题(20 分)

现有三种黑色粉末:CuO、MnO_2、PbO_2,试设计方案加以鉴别。

参 考 答 案

一、填空题

1. 器壁不挂水珠,也不成串流下;2. 酒精灯,水浴;3. 倾泻法,过滤法;4. 10～15;5. 差减法(减量法);6. 除去过量碳酸根;7. 小烧杯或表面皿;8. 根据 $NaCl$ 的质量和溶解度确定加水量(稍多于最低需水量);9. 三草酸合铁(Ⅲ)酸钾溶液,饱和酒石酸氢钠溶液中;10. 防止 Fe^{2+} 氧化成 Fe^{3+},抑制 Fe^{2+} 水解;11. 温度;12. 维持溶液的离子强度不变;13. 小火加热,搅拌;14. 底部(或液面下),不能振动。

二、简答题

1. 将 $SnCl_2$ 溶于约占所配溶液总体积 1/3 的 6 mol·L^{-1} 盐酸中,加热至溶液透明;冷却后稀释至所需体积。长期放置,需加入锡粒。

2. 不是,蓝色出现只表示硫代硫酸钠被氧化完,过硫酸铵氧化碘化钾的反应仍继续。

3. 根据用量少的原则,应以硫酸铵为基准。

4. 抽滤前先检查滤纸大小,将滤纸放置后加水润湿并干抽,使滤纸紧贴在漏斗上。

5. 移液管上有"快"、"吹"字样时,最后一滴吹入容器中,否则留在移液管中。

6. 倒掉试剂并刷净烧杯,重新称量。

7. 将烧杯口沿玻璃棒上提 1～2 cm 使烧杯逐渐垂直,再离开玻璃棒。

8. 测 pH 时,一定要按从稀到浓的顺序,这样可以减少误差,并可以使电极快速达到平衡,节省时间,还可以省去洗涤电极的麻烦。

三、设计题

参考方案如下:

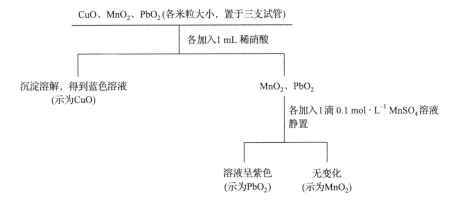

本题设计方案有多种,合理即可,老师在阅卷时可根据每个学生的答题情况酌情给出合适的分数。

模拟 2　无机及分析化学实验(工科)笔试

一、填空题(40 分,每空 2 分)

1. 采用饱和酒石酸氢钠检验三草酸合铁(Ⅲ)酸钾中 K^+ 是否外界的原理是_____。

2. 滴定操作中的"半滴",是指_____,通过"碰触"接入锥形瓶中。

3. 用试管盛反应液体加热时,液体量应不超过试管容积的_____;盛固体加热时,试管口应_____;蒸发皿蒸发浓缩溶液时,液体量不应超过其容积的_____。

4. 进行离心操作时,应注意将离心管_____放置,保证离心机平稳工作。

5. 重量法测定水泥中三氧化硫时,生成 $BaSO_4$ 后,陈化的目的是_____。

6. 粗盐提纯时,调整滤液的 pH 约等于 4 再蒸发,其目的是_____。

7. 用乙二酸标定高锰酸钾时,先将溶液加热,其目的是_____。

8. 减压过滤时,为防止试样泄漏,放置滤纸后,应先_____、再_____,以使滤纸紧贴在布氏漏斗上。

9. 使用分析天平进行称量时,所用的三种称量方法分别为_____、_____和直接称量法,记录称量数据应准确至_____位。

10. 以浓盐酸为原料配制 HCl 标准溶液时,应选取_____量取浓盐酸。

11. 使用滴定管时,记录数据应记至小数点后_____位。

12. 乙酸电离常数测定实验中,测定不同浓度的乙酸溶液的顺序是_____。

13. 滴定分析中能准确量取溶液体积的量器分别为_____、_____、容量瓶。

14. 在检验 NaAc 溶液的酸碱性时,加入酚酞后,溶液往往并不显示红色,这是由于_____。

二、简答题(40 分,每题 5 分)

1. HCl、NaOH 溶液能否直接准确配制? 为什么? 能否用称量纸称量 NaOH?

2. 用高锰酸钾滴定三草酸合铁酸钾中的 $C_2O_4^{2-}$ 时,应注意的要点有哪些?

3. 三草酸合铁酸钾制备实验中,各原料质量分别为:5 g $(NH_4)_2Fe(SO_4)_2 \cdot 6H_2O$ (物质的量 0.0128 mol)、2 g KOH (物质的量 0.0357mol)、4 g $H_2C_2O_4 \cdot 2H_2O$ (物质的量 0.0317 mol),计算理论产量以哪种物质为准? 为什么?

4. 简述使用酸式滴定管时,正式开始滴定前应做的准备工作。

5. 简述用移液管进行移液操作时,快速而准确地移取所需体积的溶液应注意的要点。

6. 滴定管和移液管润洗的目的是什么? 润洗量一般为多少?

7. 烧杯中溶液转移至容量瓶时,为防止最后一滴沿烧杯外壁流下造成损失,应如何操作?

8. 如何振摇容量瓶?

三、叙述题(20 分,每题 10 分)

水的钙、镁总硬度测定实验中,配制 EDTA 溶液并用 $CaCO_3$ 基准试剂标定。请说明:

(1) 配制 EDTA 溶液和 $CaCO_3$ 溶液分别需要什么仪器(错误搭配不得分);

(2) 简述钙离子标准溶液的配制过程(主要操作步骤及使用仪器)。

参 考 答 案

一、填空题

1. 酒石酸氢钾溶解度小于酒石酸氢钠;2. 滴定管上悬而未落下的一滴;3. 1/3,向下倾斜,2/3;4. 等重对称;5. 促进晶体长大,减少杂质影响;6. 除去过量碳酸根;7. 加快反应速率;8. 加水润湿滤纸,打开泵空抽;9. 指定质量称量法,递减称量法,小数点后 4 位;10. 量筒;11. 2;12. 按浓度由低到高;13. 移液管,滴定管;14. 水中溶解了二氧化碳等酸性气体,致使溶液 pH 降低。

二、简答题

1. NaOH 和 HCl 均不能得到基准试剂,不能直接准确配制。NaOH 有腐蚀性,称 NaOH 应使用烧杯或表面皿作容器,不能用称量纸。

2. ①酸度,加入约 25 mL 2 mol·L^{-1}硫酸作介质;②温度,将溶液加热滴定,但不能温度过高;③滴定速度,开始慢,待褪色后再滴,后期可加快。

3. 应按晶体中比例最低的 $H_2C_2O_4$·$2H_2O$ 为标准计算理论产量,多余的氢氧化铁以固体形式存在,其他过量物质留在溶液中,经过滤除去。

4. ①涂凡士林;②检漏;③洗涤;④润洗;⑤装液并调整液面。

5. ①吸取溶液过标线后,快速用食指堵住;②下端贴住原容器内壁,捻动滴定管,调整液面;③滴定管下端贴住接受容器内壁,保持滴定管垂直,松食指,使液体自由流下;④溶液流完后,停留 10~15 s;⑤根据管上是否有"快"、"吹"字样,决定是否保留最后一滴。

6. 使移液管或滴定管中溶液的浓度与标准溶液相同,每次润洗量一般为移液管或滴定管体积的 1/4。

7. 将烧杯口沿玻璃棒上提 1~2 cm,再离开玻璃棒。

8. 一手捏住瓶口,食指抵住塞子;另一手持瓶下端,将容量瓶翻转后振摇。重复翻转、振摇 10 次以上。

三、叙述题

(1) 配制 EDTA 的主要仪器:电子秤,烧杯,玻璃棒,试剂瓶(出现容量瓶或分析天平,每多一个扣 2 分)。

配制钙离子溶液的主要仪器:分析天平,烧杯,玻璃棒,容量瓶(出现量筒扣 2 分)。

(2) 配制过程:①用分析天平减量法准确称取一定质量的碳酸钙;②将碳酸钙置于烧杯中,先少量水润湿,盖上表面皿,再滴加适量盐酸溶解;③加适量水,加热和保持微沸数分钟以除去二氧化碳;④冷却后冲洗表面皿及烧杯壁,在玻璃棒引流下,将溶液转移至容量瓶;⑤冲洗玻璃棒及烧杯 3 次以上,冲洗液按同样方式转移至容量瓶,加水至标线,摇匀。

模拟 3　无机及分析化学实验操作考查题

操作考查主要目的是检验学生对基础知识的掌握和相关操作的熟练程度,对实验习惯(如实验后仪器的洗刷和摆放、废液处理等)的养成也有较高要求。实验准备多个基础操作题目,考查形式为学生实验前抽取题目,在规定时间内按要求完成实验;实验考核采取教师一对一监考的方式,观察学生全程完成的情况并给出适宜的分数。

1. 取 1 mL $BaCl_2$ 溶液,制成 $BaSO_4$ 沉淀,并离心分离得到 $BaSO_4$ 固体,洗涤沉淀一次。

评分标准:总分 20 分,本题目主要考查学生滴管取液操作以及沉淀的离心分离和洗涤操作。滴管操作重点是滴管不要探入试管,以免污染试剂;离心分离操作重点是离心试管的等重对称放置和开关离心机应逐级进行;沉淀洗涤操作的重点是不要吹起沉淀以及玻璃棒搅动的方式。各步操作分数分布:

(1) 滴管取液及相关操作(逐滴加,是否探入试管,滴数,使用离心试管等,5 分)。

(2) 取另一试管加入等量水(3 分)。

(3) 检查套管并将试管对称放置(3 分)。

(4) 离心时速度逐级增加和降低(3 分)。

(5) 正确吸取清液(3 分)。

(6) 加入适量水,轻轻搅动沉淀,尖头玻璃棒不要碰试管(3 分)。

本实验到此即可,不必做下一次离心。

实验完毕不洗刷仪器和归位扣 2 分(其他考查操作也采取同样处理方式)。

2. 称取 1.5 g $CuSO_4 \cdot 5H_2O$ 晶体,加热至生成无水 $CuSO_4$。

评分标准:总分 20 分,本题目主要考查试管中加入固体以及固体加热的操作要求。常犯的错误为选择滤纸作称量纸以及选择未经干燥的试管,未拍动试管将管中固体分散均匀也是常见错误之一。各步操作分数分布:

(1) 选择干燥试管,正确称量固体(4 分)(若使用滤纸作称量纸扣 2 分)。

(2) 转移至大试管并使固体分散均匀(4 分)(试管口及内壁沾较多固体扣 2 分)。

(3) 正确安装加热设备,注意试管口向下(4 分)(管口向上扣 3 分)。

(4) 正确使用酒精灯(整理灯芯、点火、灭火等)(4 分)。

(5) 正确加热(外焰加热,先均匀加热试管,再集中加热固体处)(4 分)。

3. 用 2.000 mol·L^{-1} 的 HAc 溶液配制 100 mL 0.2000 mol·L^{-1} 的 HAc 溶液。

评分标准:总分 20 分,本题目主要考查移液管和容量瓶的使用。移液管的使用是实验的难点,常见错误包括未选择移液管取液、移液管液面调整方式(食指堵漏,中指和拇指"捻动"移液管)、放液时下端是否接触容量瓶内壁等,先将溶液移至烧杯再转移至容量瓶也是部分学生常犯错误。各步操作分数分布:

(为节省时间,洗涤、润洗步骤学生做完第一遍后即可提示进行下一步。)

(1) 用自来水和蒸馏水分别洗涤吸量管和容量瓶 3 遍(2 分)。

(2) 用标准溶液润洗吸量管 3 遍(2 分)。

(3) 正确取液和移液(先挤空气再吸液,视线平视看标线,用食指堵管口,直接转移至容量瓶,容量瓶倾斜,吸量管垂直放液,吸量管口靠内壁,最后一滴的处理)(12 分)(视线平视和吸量管靠内壁各 1 分,其余各 2 分)。

(4) 定容(正确滴加水至标线)(2 分)。

(5) 正确摇匀,贴上标签(2 分)。

将标准溶液移至烧杯后再转移到容量瓶的扣 3 分。

4. 用无水 Na_2CO_3 配制 100 mL 0.1000 mol · L^{-1} 标准溶液 100 mL($M_{Na_2CO_3}=$ 106)。

评分标准: 总分 20 分,本题目主要考查分析天平和容量瓶的使用,重点是固体溶解、转移和定容方式,常见错误为烧杯、玻璃棒未洗涤以及烧杯中最后一滴溶液损失。各步操作分数分布:

(1) 正确计算(2 分)。

(2) 正确使用分析天平称量(称量方式,误差范围)(4 分)。

(3) 固体溶解(搅拌时,玻璃棒尽量不要碰触烧杯)(3 分)。

(4) 溶液转移至容量瓶(玻璃棒引流,最后烧杯沿玻璃棒上提,防止流失)(4 分)。

(5) 洗涤烧杯和玻璃棒至少三次,并转移至容量瓶(中间应晃动容量瓶使溶液初步混匀)(3 分)。

(6) 加水定容,摇匀,贴上标签(4 分)。

5. 配制 20 mL 2.0 mol · L^{-1} 的 NaOH 溶液。

评分标准: 总分 20 分,本题目主要考查腐蚀性固体的称量以及定容的操作,主要错误为使用称量纸称量 NaOH、直接量取 20 mL 水溶解固体以及未冷却即定容。各步操作分数分布:

(1) 正确计算(3 分)。

(2) 正确使用电子秤称量(4 分)。

(3) 腐蚀性固体称量方式(用烧杯或表面皿,烧杯要干燥)(3 分)。

(4) 固体溶解(搅拌时,玻璃棒尽量不要碰触烧杯)(5 分)。

(5) 冷却后,加水至规定体积(5 分)。

直接量取 20 mL 水溶解固体扣 5 分。

6. 5 mL 1 mol · L^{-1} $CaCl_2$ 溶液与等量 1 mol · L^{-1} Na_2CO_3 反应制取沉淀并减压过滤。

评分标准: 总分 20 分,本题目的考查重点是减压过滤装置的安装和使用,常见错误包括漏斗尖嘴的位置不合理、抽滤前未进行滤纸的润湿和空抽操作、关水泵和拔胶管的顺序不正确。各步操作分数分布:

(1) 正确使用量筒(根据溶液量选择合适的量筒)(3 分)。

(2) 用量筒取液,烧杯反应(2 分)。

(3) 正确安装过滤装置(4 分)。

(4) 正确放置滤纸,润湿并空抽,使滤纸贴紧(4 分)。

(5) 过滤沉淀,至无水滴下(3 分)。

(6) 拔掉胶管,关闭水泵,取出滤纸(4 分)。

7. 试管中加入 $0.1\ mol\cdot L^{-1}$ 的 NaAc 溶液 $0.5\ mL$,测溶液的 pH,加一滴酚酞指示剂,将溶液加热,观察溶液颜色的变化。

评分标准:总分 20 分,本题目主要考查试管中溶液的加热方式,重点是加热过程中避免危险发生的要点是否清楚。各步操作分数分布:

(1) 滴管取液及相关操作(逐滴加,是否探入试管,滴数等)(4 分)。

(2) 玻璃棒蘸液测 pH(3 分)。

(3) 酒精灯正确使用(3 分)。

(4) 试管夹由底部套入,拇指不得按短柄(3 分)。

(5) 试管角度(2 分)。

(6) 由上至下加热,均匀加热,不得将火焰固定在底部(5 分)。

8. $3\ mL\ 1\ mol\cdot L^{-1}\ CaCl_2$ 溶液与等量 $1\ mol\cdot L^{-1}\ Na_2CO_3$ 反应制取沉淀并采用常压过滤。

评分标准:总分 20 分,本题目主要考查常压过滤操作,各步操作分数分布:

(1) 正确使用量筒(根据溶液量选择合适的量筒)(2 分)。

(2) 用量筒取液,烧杯反应(2 分)。

(3) 正确安装过滤装置(叠滤纸、撕角、展开、润湿、赶气泡)(5 分)。

(4) 注意常压过滤的"三低两靠"(5 分)。

(5) 先过滤清液,再过滤混合液,玻璃棒引流(3 分)。

(6) 洗涤沉淀(3 分)。

9. 配制 $0.1\ mol\cdot L^{-1}$ 的 $SnCl_2$ 溶液 $20\ mL$($M_{SnCl_2\cdot 2H_2O}=226$)。

评分标准:总分 20 分,本题目主要考查易水解物质的溶解方式,考查学生对已进行实验掌握的熟练程度。各步操作分数分布:

(1) 正确计算溶质质量(2 分)。

(2) 正确称量固体(滤纸不能用作称量纸)(3 分)。

(3) 用量筒量取 $6\ mol\cdot L^{-1}$ 的盐酸 $6.7\ mL$ 溶解固体(量筒使用;搅拌时尽量不碰烧杯壁)(6 分)。

(4) 电炉加热至澄清(3 分)。

(5) 冷却,加水至规定体积(为节省时间,不必等到完全冷却)(3 分)。

(6) 转移至规定容器,加入锡粒保存(3 分)。

10. 做好用 NaOH 标准溶液滴定 HCl 溶液的准备工作(至 HCl 溶液装入滴定管,不做 NaOH 溶液的移取)。

评分标准:总分 20 分,本题目主要考查滴定管的使用,考查重点为润洗的放出方式、加入溶液的方式以及如何调整液面至零刻度。各步操作分数分布:

(1) 检查酸式滴定管是否漏液,如何处理(4 分)。

(2) 洗涤酸式滴定管(洗涤剂、自来水、蒸馏水)(4 分)。

(3) 用配好的 HCl 溶液润洗滴定管(加注溶液方式是否为试剂瓶直接倒入,润洗液用量,润洗次数,放液方式)(8分)。

(4) 加注 HCl 溶液,调整刻度(加注方式、溶液量,如何调整液面)(4分)。

11. 以 NaOH 标准溶液滴定 HCl 溶液(NaOH 溶液已移取并加入指示剂,HCl 溶液已加入滴定管并调好液面)。

评分标准: 总分20分,本题目主要考查滴定操作,包括锥形瓶振摇、滴加速度控制、半滴操作、滴定管读数方法等。各步操作分数分布:

(1) 检查滴定管高度,保证滴定管稳定和便于操作(3分)。

(2) 左手操控滴定管,右手水平单方向振摇锥形瓶(4分)。

(3) 开始滴加速度较快,后期减慢,褪色慢时逐滴加并及时振摇(5分)。

(4) 半滴操作,至溶液变色并保持半分钟不褪色(5分)。

(5) 正确读取体积(手持、悬垂、精度)(3分)。

11 道考查题目中包含无机制备、溶液配制、滴定分析等实验类型中的典型操作,可根据需要抽取部分或全部用于学生实验操作考查。